第十届
中国国际室内设计双年展
作品集 I

Works Collection of the 10th China International Interior Design Bienniale I

 中国室内装饰协会 编

杨冬江 主编

中国建筑工业出版社

第十届
中国国际室内设计双年展
作品集 I

图书在版编目（CIP）数据

第十届中国国际室内设计双年展作品集 ／ 中国室内装饰协会编；
杨冬江主编．—北京 ： 中国建筑工业出版社，2014.11
ISBN 978-7-112-17485-0

Ⅰ．①第… Ⅱ．①杨… ②中… Ⅲ．①室内装饰设计—作品集
—世界—现代 Ⅳ．①TU238

中国版本图书馆CIP数据核字（2014）第257532号

责任编辑：李东禧　唐　旭　张　华
装帧设计：倦勤平面设计工作室／周　岚
责任校对：姜小楚　张　颖

第十届中国国际室内设计双年展作品集
**Works Collection of the 10th
China International Interior Design Bienniale**
中国室内装饰协会 编
杨冬江 主编

*

中国建筑工业出版社出版、发行（北京西郊百万庄）
各地新华书店、建筑书店经销
倦勤平面设计工作室制版
北京顺诚彩色印刷有限公司印刷

*

开本：880×1230 毫米　1/16　印张：38½　字数：1230千字
2014年11月第一版　2014年11月第一次印刷
定价：**598.00元**（共两册）
ISBN 978-7-112-17485-0
（26703）

2014年是全面深化改革的第一年，是全面完成"十二五"规划目标任务的关键之年，室内装饰行业改革发展任务艰巨繁重。在全行业以昂扬状态促转型、谋发展之际，"第十届中国国际室内设计双年展"的举办，具有十分重要的意义。

当前，国家大力推进文化创意和设计服务与相关产业融合发展，这给室内设计行业带来了重要发展机遇。历经18年精心培育的"中国国际室内设计双年展"迎来了新的契机。通过"双年展"丰富设计体验形式和设计产业业态，让设计、艺术、材料、产业、学术、研发等要素在此聚集、碰撞、融合，使产学研用得以协同发展，使"原创设计"、"绿色设计"、"人文设计"等理念得以充分表达，使创意设计的驱动作用和创新活力得以充分释放。

本届"双年展"围绕"传承创新·产业融合"的主题，坚持"专业化"、"艺术化"、"精品化"，突出"创新性"、"文化性"、"导向性"。在全行业共同努力下，本届"双年展"的参展作品数量、参与地区覆盖均创历年之最。展出内容包括来自香港、台湾在内的我国30多个省市、地区的优秀设计作品，反映了我国室内设计的整体水准和最新成就。在展场的设计上，"双年展"求新求变，突出传统元素、文化元素，强调中国内涵、国际表达，令人耳目一新。在展览配套活动上，"2014中国室内设计高峰论坛"等一系列论坛、研讨，直面我国室内设计发展面临的国内外环境与亟需解决的重大问题，探讨经济发展、文化消费、设计创新之间的关系，具有较高学术价值和理论水平。"双年展"力图通过对本土文化资源和艺术价值的挖掘，从整体上梳理室内设计的创作面貌，展现设计师多样化艺术趋向，实现传统中国气质与审美视角在当代设计创作语境中的转译。

本届"双年展"得到了承办单位北京居然之家投资控股集团有限公司、全程赞助单位广东华颂家具集团的大力支持。各地方室内装饰协会、双年展各地方秘书处、各合作媒体与机构在"双年展"作品征集、宣传推广、评选表彰等方面做了大量工作，为本届"双年展"取得新突破贡献了力量。相信在全行业共同努力下，"双年展"将在新的起点上，为推动设计创新，促进"中国制造"向"中国设计"转变作出新的更大贡献。

I

目录

金奖

009_091

苏 丹 张 月
杜 异 陆轶辰
汪建松 崔笑声
李朝阳
清华大学美术学院

↑01 ╱02 ╱05

    ╱03 ╱06

    ╱04 ╱07

01-07
2015意大利米兰世博会中国馆总体设计项目

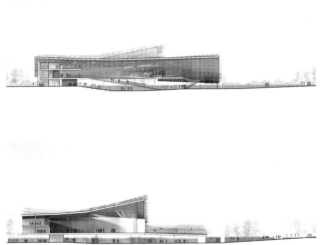

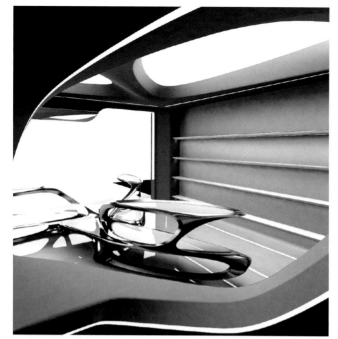

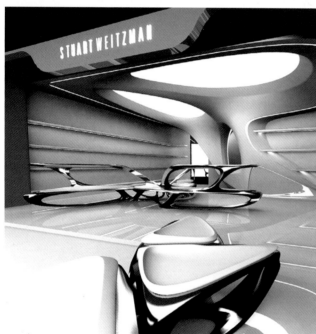

伍文进

上海九米室内装饰工程有限公司

↘01   ↑03   ↗05

↘02   ↑04   →06

01-06
Beijing Stuart Weitzman

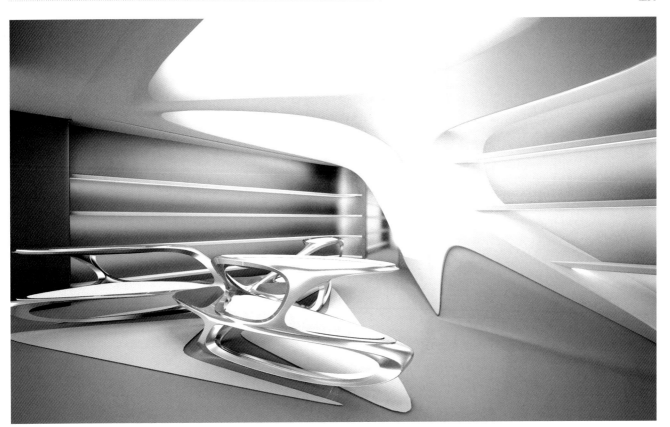

刘晨晨

西安美术学院

↑01　　↗03

↑02　　→04

01-04
"自在土"传统文化体验馆

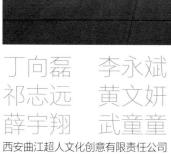

丁向磊　李永斌
祁志远　黄文妍
薛宇翔　武童童
西安曲江超人文化创意有限责任公司

↖01　　　　　↗04

↖02　　↑03　↗05

　　　　　　　→06

01-06
百年风云历史情境馆建筑、景观与展厅连接处展陈设计

何华武

福建国广一叶建筑装饰设计工程有限公司

↑01   ↗03

↑02   →04

01-04
溪山温泉度假酒店

刘炼

湖南省龙廷美业装饰设计工程有限公司

↑01　　↗03　　↗05

↑02　　→04　　→06

01-06
龙钦莲净

赵益平
匡颖智
湖南省美迪装饰赵益平设计事务所

↑01   ⟋02

→03

01-03
娑黄

周港
丁明
马丽
湖南美迪建筑装饰设计工程有限公司

↑01　╱02　╱04

╱03　╱05

01-05
三影舍

丁　明
朱承宗
湖南美迪建筑装饰设计工程有限公司

↘01　↑03　↗05

↘02　↑04　↗06

↗07

01-04
雅安地震纪念馆
05-07
浅·时光

杨凯
唐博
湖南美迪建筑装饰设计工程有限公司

↘01   ↑03   ↗05

↘02   ↑04   →06

01-06
塔说他说

刘洋

湖南省点石装饰设计工程有限公司

↑01   ╱02

→03

01-03
露天音乐酒吧

占泽龙

湖南省点石装饰设计工程有限公司

↑ 01   ↗ 02

→ 03

01-03
真水无香

石赟

苏州金螳螂建筑装饰股份有限公司

↘01   ↑03   ↗05

↘02   ↑04   →06

01-06
成都菲艺术酒店

汪拓

苏州金螳螂建筑装饰股份有限公司

↑01　↗03

↑02　↗04

　　　→05

01-05
传世家具展厅

陆军

苏州金螳螂建筑装饰股份有限公司

↑01　／02

→03

01-03
武清京津图书馆设计方案

王宇飞

苏州金螳螂建筑装饰股份有限公司

↑01   ╱03

↑02   ╱04

　　 →05

01-05
上海中心大厦多功能厅、宴会厅、会议区域

季春华
穆恩典
苏州金螳螂建筑装饰股份有限公司

↑01 ↗02

↗03

→04

01-04
中国昆山戴斯酒店

冼柏轩
吴文伟
四目建筑事务所

↘01   ↗04

↘02   ↑03   →05

01-03
法国餐厅
04-05
兰桂坊会所式酒吧

吕元祥建筑师事务所

↘01   ↗04

↘02   ↑03   →05

01
香港天晋会所
02-03
广州喜来登酒店
04-05
广州天盈广场

柯明勋
KES室内设计有限公司

↑ 01　　↗ 02

→ 03

01-03
富德总部办公室

李军

成都上界室内设计有限公司

↑01   ↗02

↗03

→04

01-04
婴儿园半山艾马仕分园

王砚晨
李向宁

经典国际设计机构(亚洲)有限公司

↘01　　　↗04

↘02　↑03　→05

01-05
美国洛杉矶比佛利眉州东坡酒楼

叶敏
广州市扉越建筑设计有限公司

↑01　　／02

／03

／04

01-04
星海音乐厅大厅改造

冯文成　张彦兰
韦洪杉　陈锦贵
廖卓鑫　楼冰凝
黄国鹏　庄奋起
广东省建筑设计研究院

↑01　　↗02

　　　↗03

　　　→04

01-04
广州报业文化中心

冯文成　张彦兰
楼冰凝　孙　铭
龚家骥
广东省建筑设计研究院

↑01　╱02

→03

01-03

中国移动通信集团福建有限公司

陈涛
夏强
TCDI创思国际建筑师事务所

↑01   ↗02

→03

01-03
江门五邑会所

李寰宇
李　军
谭　翀

↘01　↑03　↗05

↘02　↑04　→06

01-06
广州盈通广场超甲级写字楼

周静

深圳市派尚环境艺术设计有限公司

↑01   ↗03

↑02   ↗04

→05

01-02
成都永立国际会所
03-05
济南阳光一百艺术馆

吴建平
刘　冰
刘义明
广东省集美设计工程有限公司

↑01　↗02

→03

01-03
融侨城中银大厦

周海新
广州集美组室内设计工程有限公司

↑01   ⟋02

⟋03

⟋04

01-04
北京谷泉中信金陵酒店

徐婕媛
广州集美组室内设计工程有限公司

↘01   ↗04

↘02   ↑03   →05

01-05
中信泰富朱家角锦江酒店

赵遁龙
天津美术学院

↑ 01   ╱ 02

→ 03

01-03
曹禺剧场室内设计

石荣洲

北京三鸣博雅装饰有限责任公司

↑01　╱02

→03

01-03
北京花雨堂古玩店室内设计

王志勇

北京清尚建筑装饰工程有限公司

↑01　⟋02

01-02
上海嘉定保利大剧院装饰设计

杨玉尧

北京清尚建筑装饰工程有限公司

↑ 01   ╱ 02

01-02
清华大学百年会堂音乐厅装饰设计

汉象设计工程股份有限公司

↑01   ↗02

→03

01-03
台湾玉山商业银行新板特区分行

李静源

↑01　／02

／03

→04

01-04
滨江总部办公楼

严林奇

汉嘉设计集团股份有限公司

↑01　　╱02

→03

01-03
南京国际文化交流中心

朱回瀚
朱回瀚设计顾问工程（香港）有限公司

↑01   ╱02

→03

01-03
上海华府天地书茶吧

王治
武汉艾亿威装饰设计顾问有限公司

↑ 01　　⤢ 02

⤢ 03

⤢ 04

01-04
武汉光谷"芯中心"独栋办公样板

徐攀
XSD设计事务所

↑ 01　　↗ 02

01-02
陶然居

银奖

093_205

小林正典
上海简方装饰工程有限公司

↘01

↘02   ↑03

01-03
无锡大和吴月雅境售楼处

↑01

↑02 ╱03

01-03
上海嘉荣科技环保有限公司

汪耘
上海嘉荣建设工程有限公司

王征宇

上海唯思室内设计有限公司

 01

↘02　↑03

01-03
绿城御园法式合院样板房

↑01

↑02 ╱03

01-03
丹芙春城

黄道龙
上海柏泰装饰设计工程有限公司

朱结合
上海青杉建筑装潢设计有限公司

↑01

↑02

01-02
浦江华侨城

↑01

↑02

01-02
生态科技办公楼室内环境设计

张 为 王 杨
朱祥魁 董春宁
深圳市深装总工程工业有限公司陕西分公司

党明　朱祥魁
王杨　董春宁
汤鑫
西安市红山建筑装饰设计工程有限责任公司

↑01

↑02

01-02
西安威斯汀酒店行政公寓室内设计

↑ 01

↑ 02

01-02
新疆企业会所

周忠
王博
康超

陕西汉森装饰工程有限公司

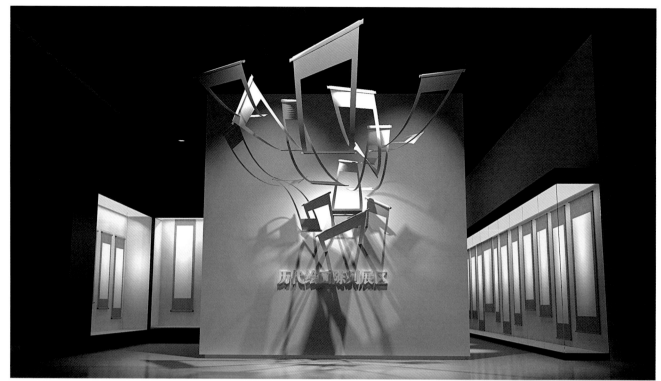

丁向磊　郭宇峰
李永斌　祁志远
葛婷婷　武童童
西安曲江超人文化创意有限责任公司

↑ 01

↑ 02

01-02
西安美术学院美术博物馆

↑ 01

↑ 02

01-02
宝鸡民俗博物馆《宝鸡民俗陈列》

冯长哲　王　勇
黄　勇　毛坤卫
陕西正野装饰设计有限公司

周铁东
周　墨
王雪松
大庆市墨人装饰工程有限公司

↑01

↑02

01-02
庆植园

↑01

↑02　　↗03

01-03
百合禅茶主题酒店

林洲
福州多维装饰工程设计有限公司

周小红

福建国广一叶建筑装饰设计工程有限公司

↘01

↘02　↑03

01-03
正兴养老社区体验中心

↑01　↗03

↑02　↗04

01-04
苹果公园售楼处

郑涌利
林圣钦
王田生
华丽装饰

周球
长沙丛林装饰设计有限公司

↑01

↑02

01-02
杜甫江阁五六楼藏天阁室内设计

↑ 01

↑ 02

01-02
时尚餐厅——常德共和酒店西餐厅改造

李湘军
湖南恭和室内设计有限公司

刘志亮

湖南省名匠装饰设计工程有限责任公司

↑ 01

↑ 02

01-02
闪亮健身房喜乐地店

↑ 01

↑ 02

01-02
掌尚科技办公空间

李桂章
湖南省点石装饰设计工程有限公司

赵益平
唐桂树
湖南省美迪装饰赵益平设计事务所

↑01

↑02

01-02
意序——湖南省郴州市湘域花园样板房

↑01

↑02

01-02
迷流——湖南省郴州市湘域花园样板房

赵益平
杨洪波
湖南省美迪装饰赵益平设计事务所

李琪
湖南省点石装饰设计工程有限公司

↑ 01

↑ 02

01-02
博林金谷

↑01

↑02

01-02
藏者

何巍
湖南省点石装饰设计工程有限公司

占泽龙

湖南省点石装饰设计工程有限公司

↘01

↘02   ↑03

01-03
无何有

↑01

↑02　／03

张进武

湖南省点石装饰设计工程有限公司

01-03
"锈色"可餐

唐果 白璘
邱财龙 武腾
黄凌霞
南华大学设计与艺术学院

↑01

↑02

01-02
"流白"商务快捷酒店设计方案

↑01

↑02

01-02
宁夏银川西府井酒店室内装饰工程设计

梅晓阳　汪生东
张文军　王桂珍
宁夏轻工业设计研究院

龙晗

贵州城市人家装饰工程有限公司

↑01

↑02

01-02
包府家装工程设计方案

↑ 01

↑ 02　　↗ 03

01-03

广州弘蜂（国际）皮具有限公司总部

毛征宁

海南雅高装饰设计工程有限公司

龙晗
贵州城市人家装饰工程有限公司

↑01

01
包府家装工程设计方案

↑01

↑02

01-02
广州弘蜂（国际）皮具有限公司总部

毛征宁
海南雅高装饰设计工程有限公司

梁爱勇
苏州金螳螂建筑装饰股份有限公司

↑01

↑02

01-02
李月刚——创意设计办公

↑ 01

↑ 02

01-02
银川隆德墅城会所

惠炜
苏州金螳螂建筑装饰股份有限公司

苏州金螳螂建筑装饰股份有限公司

↘01

↘02　↑03

01-03
河北出版传媒创意中心

↑01

↑02

<u>01-02</u>
西安西藏大厦

严晓燕
苏州金螳螂建筑装饰股份有限公司

陆雅萍

苏州金螳螂建筑装饰股份有限公司

↑01

↑02

01-02
观音山旅游休闲会所

↑01

↑02

魏然
苏州金螳螂建筑装饰股份有限公司

01-02
明斯克北京花园饭店

张海涛

苏州金螳螂建筑装饰股份有限公司

↑ 01

↑ 02

01-02
重庆星汇两江展览馆

↑ 01

↑ 02

01-02
石林同策戴斯大酒店

梁　虓
王郭彬
苏州金螳螂建筑装饰股份有限公司

陈晓慧
苏州金螳螂建筑装饰股份有限公司

↘01

↘02　　↑03

01-03
人民路一号广场样板房室内设计

↑ 01

↑ 02

01-02
杭州智汇领地科技园A区A楼

董永峻
苏州金螳螂建筑装饰股份有限公司

顾宇

苏州金螳螂建筑装饰股份有限公司

↘01

↘02   ↑03

01-03
宜兴博物馆

↑01

↑02

01-02
辽宁辉山乳业总部大楼

洪登平
苏州金螳螂建筑装饰股份有限公司

程均清
苏州金螳螂建筑装饰股份有限公司

↘01

↘02   ↑03

01-03
杭州博地中心

↑01

↑02   ╱03

陈永辉
A Design Concept Hong Kong

01-03
虎门汇源美爵酒店

吕元祥建筑师事务所

苏州金螳螂建筑装饰股份有限公司

↑01

↑02

01-02
香港大坑上林

↑ 01

↑ 02

熊朝辉
A Design Concept Hong Kong

01-02
美的广场擎峰会所

柏舍设计
柏舍励创专属机构

↘01 ↑03

↘02 ↑04

01-04
南昌缤江一号办公楼

↑01

↑02　╱03

郑俊雄

汕头市空间装饰工程设计有限公司

01-03
45° 转角，邂逅设计——SDD空间装饰办公设计

卢昱吉
广州市华浔品味装饰设计有限公司

↑01

↑02

01-02
HI-BELLA意式餐厅

↑01

↑02

01-02
苏州万科美好广场眉州东坡酒楼

王砚晨
李向宁
经典国际设计机构(亚洲)有限公司

广州林慧峰装饰设计有限公司

↑01

↑02

01-02
肇庆海印鼎湖总统御山庄销售中心

↑01

↑02

01-02
广州保利UP HOUSE销售中心

郑成标
郑宋玲
香港郑成标建筑装饰设计事务所
广州郑氏装饰设计有限公司

赵宇明

广东省汕头市名景装饰设计有限公司

↘01

↘02　↑03

01-03
都市森林

↑ 01

↑ 02

01-02
新疆天缘酒店二期

姜　辉　万　丽
肖　颖　黄小佳
林荣毅　李　能
广州市尚然装饰有限公司

吴宗敏
吴宗建
广州市山田组设计院工程有限公司

↘01

↘02   ↑03

01-03
新会陈皮村建筑环境及室内设计

↑01

↑02

01-02
温州立高装饰办公楼

王跃琪
叶微华
李化海
温州立高建筑装饰工程有限公司

陈嘉君
陈稚聪
广州市壹挚室内设计有限公司

↑01

↑02

01-02
里水金沙半岛

↑01

↑02

01-02
菲之都年春会所

龙志雄
广州品龙装饰设计有限公司

林建飞　翁威奇
黄健豪　王展翼
广东省美术设计装修工程有限公司林建飞工作室

↑01

↑02

01-02
广州记忆心动西餐厅

↑ 01

↑ 02   ↗ 03

01-03
大明宫紫檀艺术馆

林建飞   翁威奇
林伟文   黄锡昆
广州美术学院城市学院

↑ 01

5+2设计
柏舍励创专属机构

01
云南昆明东盟森林第四批样板间E1户型

↑01

↑02

01-02
香港半山一号雅宅

郑俊雄
汕头市空间装饰工程设计有限公司

吴明太
广东星艺装饰集团股份有限公司

↑ 01

↑ 02

01-02
半山溪谷

↑ 01

↑ 02

01-02
南沙优山美墅

陈嘉君
邓丽司
广州市卡络思琪装饰设计有限公司

李　亮
王振咨
北京中装环艺教育研究院

↑ 01

↑ 02

01-02
唐凤宋韵真璞草堂茶室设计方案

↑ 01

↑ 02

01-02
泰安艺术家会所室内设计方案

王媛
山东省文化艺术学校

肖功渝
北京天文弘建筑装饰集团有限公司

↑ 01

↑ 02

01-02
南海一号酒店

↑ 01

↑ 02

01-02
海南富力鲸鲨馆创意海鲜餐厅

刘宇洁
北京永一格展览展示有限公司

林学明 曾芷君
谢云权 冯仕晓
广东省集美设计工程有限公司

↑01

↑02

01-02
广州报业文化中心精装修工程设计

↑01

↑02

01-02
中国银行股份有限公司重庆分行新营业办公室

刘　冰
林荣峰
吴建平
广东省集美设计工程有限公司

杨晓航
刘如凯
广东省集美设计工程有限公司

↑01

↑02

01-02
南京博物院历史馆

↑01

↑02

01-02
鱼莲山鱼文化主题餐厅

许刚
自由思考有限公司

蒋华建
泛文中国·设计机构

↑01

↑02

01-02
汉诺威样衣展示厅

↑01

01
莫高窟游客中心空间设计

周海新
广州集美组室内设计工程有限公司

赖伟成

昆明速写装饰设计有限公司

↘01

↘02　↑03

01-03
昆明维多利亚高级美发会所

↑ 01

↑ 02

赵智峰
苏州柒格环境设计有限公司

01-02
中环办公样板间

唐锦同

珠海捌五装饰设计工程有限公司

↘ 01

↘ 02　↑ 03

01-03
珠海时代广场销售中心

↑ 01

↑ 02

01-02
流星花园

鲁小川
北京丽贝亚建筑装饰工程有限公司

李怀生

北京清尚建筑装饰工程有限公司

↑01

↑02

01-02
国家开发银行总行办公大楼装饰设计

↑ 01

↑ 02

01-02
清华光华路校区办公大楼室内设计

穆金山
北京清尚建筑装饰工程有限公司

汪泽宇

北京清尚建筑装饰工程有限公司

↑01

↑02

01-02
泫氏铸铁历史展馆展陈设计

↑01　　╱03

↑02　　╱04

01-04
东莞万达广场购物中心室内步行街设计

曾卫平
北京清尚建筑装饰工程有限公司

张庆华

北京清尚建筑装饰工程有限公司

↑ 01

↑ 02

01-02
全国妇联办公楼精装修室内设计

↑01

↑02　　↗03

01-03
水泥丛林中的现代绿洲

曾传杰
班堤室内装修设计企业有限公司

罗耕甫
橙田室内装修设计工程有限公司

↑ 01

↑ 02

01-02
Hi-Lai Vegetarian Restaurant

↑ 01

↑ 02

<u>01-02</u>
You Bike-台东都历游客中心

邵唯晏
竹工凡木设计有限公司

连自成
大观·自成国际空间设计

↑ 01

↑ 02

01-02
海珀璞晖售楼处、会所

↑ 01

↑ 02

01-02
北京冠君轩餐饮会所室内设计项目

何永海
北京正喜大观环境艺术设计有限公司

梁碟夫
广州市铭唐装饰设计工程有限公司

↑ 01

↑ 02

01-02
广州希尔顿逸林酒店

↑01

↑02

01-02
苏园会

储文胜
正工建筑顾问（北京）有限公司

任萃
十分之一

↘01　　↑03

↘02

01-03
SNOW FACTORY

↑01

↑02 ↗03

01-03
北京市华府妇儿医院

王海鹏　崔　烨
管　地　袁长昆
任国华

中国中轻国际工程有限公司

谢天

浙江亚厦装饰股份有限公司

↘01

↘02   ↑03

01-03
白马湖11号

↑ 01

↑ 02

叶坚
杭州川合环境艺术设计有限公司

01-02
杭州素舍精品酒店

胡　栩
李静源
杭州国美建筑装饰设计院

↑ 01

↑ 02

01-02
华数白马湖数字产业园项目

↑01

↑02

01-02
高尔夫会所

朱利峰
杭州静源创设建筑装饰设计有限公司

范宏伟
北京原力视觉展览展示设计公司

↑ 01

↑ 02

01-02
中国汉阙文化博物馆（四川渠县）

↑01

↑02　　↗03

01-03
叶——奏曲

陈友发
蔡烈波
汕头市大斑马环境设计有限公司
汕头市伊诺装饰设计有限公司

张晓莹
多维设计事务所

↑ 01

↑ 02

01-02
三蝶分子美食餐厅

↑01

↑02

刘兴贵
沈阳市飞翔装饰有限公司工程设计研究院

01-02
航空产业孵化大厦

刘威

武汉刘威室内设计有限公司

↘01

↘02　　↑03

01-03
武汉正华设计院办公大楼

↑ 01

↑ 02   ╱ 03

01-03
深圳雅兰酒店

刘红蕾
毕路德建筑顾问有限公司

岳蕾
尚层装饰（北京）有限公司天津分公司

↑01

↑02

01-02
天津市河西区半岛豪庭杨宅

↑01　　↗03

↑02　　↗04

01-04
世辰财富会所

李川道
福建东道建筑装饰设计有限公司

张瑞
鸿扬家装

↑ 01

↑ 02

01-02
折影

↑ 01

↑ 02

01-02
微引（宝品住宅屋）

卓子程
杰西艾伦室内装修设计（股）公司

郑锦鹏

慕泽设计股份有限公司

↑01

↑02

01-02
居者演译

↑01

↑02

01-02
映象

林发鑫
林其尧
福州好日子装饰工程有限公司

万冰清
福州好日子装饰工程有限公司

↑01

01
留白

↑01

↑02

01-02
大简至美

尹硕
福州好日子装饰工程有限公司

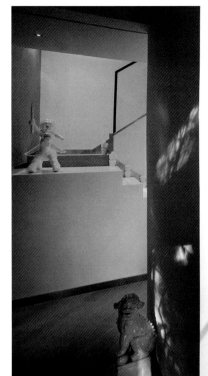

孟也
孟也室内空间创意事务所

↑ 01

↑ 02

01-02
路

↑01　　↗03

↑02　　↗04

01-04
宁璞勿时

徐攀
XSD设计事务所

铜奖

207_309

苏晓义

上海市室内装潢工程有限公司

↑01上

上海拉谷谷时装有限公司综合楼

王玮　王征宇

上海尚珂展示设计工程有限公司

↑02下

国家电网江苏电力体验馆

张丹逸

上海印尚建筑装饰有限公司

↑01上

九龙山阿玛尼

萩原彰彦

上海乃村装饰工艺有限公司

↑02下

上海浦东国际机场贵宾室T1#9

周光明

上海朱周空间设计咨询有限公司

↑01-02上

上海肇嘉浜路全季酒店

居震霄

上海居业实业有限公司

↑03下

婚庆酒店研究方案

上海东顺设计装饰有限公司

↑01上
西门子电器体验中心

蔡凯文

上海大点建筑装饰有限公司

↑02下
尹山湖售楼中心

吕捷

上海美力达建筑装饰设计工程有限公司

↑01上

东方冠郡

钟琴

松下盛一装饰（上海）有限公司

↑02下

原味木质生活

孙中斌

大连上和装饰设计工程有限公司

↑01上

微喜咖啡会所

原泉

大连海松装饰工程有限公司

↑02下

大连西安路英伦红酒咖啡会所

邢小方　石向军

南京深圳装饰安装工程有限公司

↑01上

江苏中烟工业有限公司徐州卷烟厂办公楼

刘斌　徐敏

浙江亚厦装饰股份有限公司

↑02下

连云港港口国际客运站

郑小伟（主持）　方四文　朱琴

常州轻工职业技术学院

↑01上

景辰办公空间室内设计

王玮

南京L.D.D.室内创意事务所

↑02下

银川西岸国际样板间室内方案设计

陈中祥

南京宏堃装饰设计工程有限公司

↑01上

绿地徐州娇山湖别墅A3户型样板房（优雅法兰西）

渠智程　张宏斌　张科强

江苏省建筑装饰设计研究院有限公司

↑02下

方山别墅设计

孙中斌
大连上和装饰设计工程有限公司
↑01上
微喜咖啡会所

颜文明　吴传景　徐吉
常州轻工职业技术学院
↑02下
新中式风格天安别墅设计

裴俊杰

↑01上

英孚美讯太原办事处——云

周维娜　孙鸣春

西安美术学院建筑环艺系

↑02下

宁夏交通博物馆展示陈列空间设计

郭贝贝

西安美术学院

↑01上

当代美术馆

吴文超　李媛　冯琳

西安美术学院建筑环境艺术系

↑02下

西安电子科技大学主楼及东楼室内空间改造

李建勇　陈超
西安美术学院、西安建筑科技大学
↑01上
汉中普汇中金物流园区接待中心室内设计

周彬　黄涛　钱晓倩
深圳市深装总工程工业有限公司陕西分公司
↑02下
马鞍山水岸兰香茶楼

付新民　王博　康超

陕西汉森装饰工程有限公司

↑01上

惠农建设办公室

李娜

陕西科创广告装饰工程有限公司

↑02下

日本料理餐厅设计

冯长哲　王勇
陕西正野装饰设计有限公司
↑01上
陕西中医学院《中国中医药史陈列》

刘洲林　曹振英　张信波
榆林市金马广告装饰有限责任公司
↑02下
曼弗椿茶楼

梁少刚

西安新雅居室内设计装饰有限责任公司

↑01上

禅韵

石应语

福建合诚美佳装修工程有限公司

↑02下

恒力城金融中心9楼

黄晓文

福建国广一叶建筑装饰设计工程有限公司

↑01上

尊贵彰显富丽

江本智

福建国广一叶建筑装饰设计工程有限公司

↑02下

中联大厦办公楼

周裕霖
周裕霖设计工作室
↑01上
色调·生活

范新伟
河南红之叶装饰工程有限公司
↑02下
平顶山月牙泉KTV

许斌

湖北省麻城市天河广告装饰有限公司

↑01上

湖北省麻城市王先生雅居装饰工程

易天

湖南省名匠装饰设计工程有限责任公司

↑02下

十线

鲁青松
湖南省点石装饰设计工程有限公司
↑01上
竹里馆

蔡彦
湖南点石·亚太墅装
↑02下
我的工作是生活

刘常云

湖南常德雅室装饰有限责任公司

↑01上

常德至上·中国餐馆二店

周波

常德市金澳装饰工程有限公司

↑02下

常德烟草专卖局办公楼装饰工程

熊浩球

常德市新锐装饰有限责任公司

↑01上

天龙酒店

谢松钊　曾海英　郑浪　黄青

湘潭亦境室内设计有限公司

↑02下

湘潭市潘多拉主题酒店

叶向如

徐猛设计师事务所

↑01上

小隐

万蕾

湖南壹品装饰设计工程有限公司

↑02下

梦回·边城

王逸飞

湖南壹品装饰设计工程有限公司

↑01上

独白·梦

周港　熊雄

湖南美迪建筑装饰设计工程有限公司

↑02下

素颜

杨凯
湖南美迪建筑装饰设计工程有限公司
↑01上
画家

张双喜
湖南省点石装饰设计工程有限公司
↑02下
中隆国际——御玺

何巍
湖南省点石装饰设计工程有限公司
↑01上
易观

李桂章
湖南省点石装饰设计工程有限公司
↑02下
中山亭——铂宫

唐海平
湖南省点石装饰设计工程有限公司
↑01-02上
森活·life

赵军
湖南省点石装饰设计工程有限公司
↑03下
秋夜

李卫

湖南省点石装饰设计工程有限公司

↑01上

水木年华

杨理

湖南省点石装饰设计工程有限公司

↑02下

途

李江涛　陈江波
湖南省点石装饰设计工程有限公司
↑01上
千里之外

白有志
常德居众装饰设计工程有限公司
↑02下
居民住宅设计创意（春天里）

杜跃国

常德居众装饰设计工程有限公司

↑01上

金色晓岛复式改造

邓青

常德市宏胜装饰有限公司

↑02下

公园世家小区

管静

常德市宏胜装饰有限公司

↑01上

绿地·新都会小区

谭金良

湖南自在天装饰湘潭分公司

↑02下

自在·意境

李冰
衡阳市墨兮设计工作室
↑01上
墨兮·驿站——墨兮设计工作室

陈祖展　杜雅雪
南华大学设计与艺术学院
↑02下
旧厂房改造——R设计事务所

周翩宇

衡阳市新思域装饰设计有限公司

↑01上
水手之家——水手餐厅

蒋海燕

衡阳市巨人装饰设计工程有限公司

↑02下
凤凰之翼

伍洋

衡阳创景装饰有限公司

↑01上

雅香苑新中式风格

李必选

宁夏必选设计装饰工程有限公司

↑02下

金沙遗址博物馆陈列设计方案

赵宁
银川七维空间设计有限公司
↑01上
银川市悦海新天地商业广场——曼悦海温泉度假酒店

李金霞
昆明弘佳国际设计公司
↑02下
三九网行政办公中心设计方案

宋文波
昆明弘佳国际设计公司
↑01上
大理悦湾酒店

毛博
云南懒调网络科技有限公司
↑02下
小确幸

高云

甘肃西鹏装饰设计工程有限公司

↑01上

千湖足道养生会馆

肖凡

贵阳中策装饰有限公司

↑02下

撷古译今——印象之城

杜庆伟　田茂江
贵阳中人环境艺术设计有限公司
↑01上
贵阳保利温泉新城——樊宅雅居

秦发良
贵州云上装饰工程有限责任公司
↑02下
家装

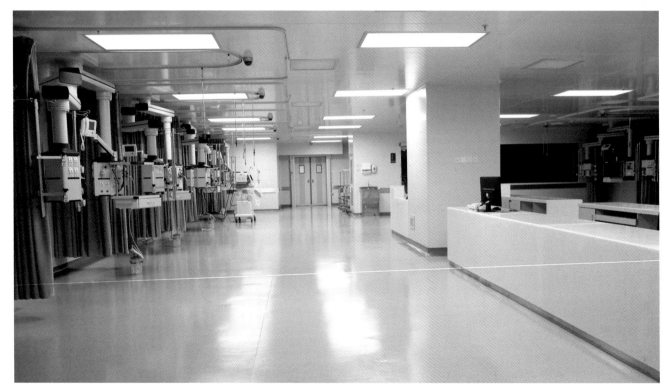

方海建

海南金厦建设股份有限公司金厦建筑装饰设计研究院

↑01上

江苏省句容市富豪国际酒店

潘家林

海南铭泰医学工程有限公司

↑02下

三亚农垦医院手术部、ICU洁净工程、射线防护工程、
实验室工程、中心供应工程及设备配置

邹春辉

香港邹春辉（国际）设计事务所有限公司

↑01上

博鳌精品酒店

付养国

北京朗圣国艺装饰设计有限公司

↑02下

宜兴市古龙窑紫砂陶艺艺术馆

黄健　曹继浩

苏州金螳螂建筑装饰股份有限公司

↑01上

北京远洋公馆精装修工程

丁松飞

苏州金螳螂建筑装饰股份有限公司

↑02下

沐青汤泉天津分店室内设计

刘建华

苏州建筑装饰设计研究院有限公司

↑01上

佛山国际家居博览城企业会所

李海军

苏州金螳螂建筑装饰股份有限公司

↑02下

邯郸美乐城

周琦

苏州金螳螂建筑装饰股份有限公司

↑01上

苏州太湖香山国际度假酒店

李蒙

苏州金螳螂建筑装饰股份有限公司

↑02下

连云港新海新区新世界文化城文化活动中心

刘长东

苏州金螳螂建筑装饰股份有限公司

↑01上

丹阳香逸大酒店

许建均

苏州金螳螂建筑装饰股份有限公司

↑02下

泉品生活馆

王方元

苏州金螳螂建筑装饰股份有限公司

↑01上

广西柳州楼梯山会所

奚军

苏州金螳螂建筑装饰股份有限公司

↑02下

中国期货大厦室内设计

舒剑平

苏州金螳螂建筑装饰股份有限公司

↑01上

北京什刹海望海楼翰谊馆

徐骏珏

苏州金螳螂建筑装饰股份有限公司

↑02下

海南三亚亚特兰蒂斯酒店

骆宾

苏州金螳螂建筑装饰股份有限公司

↑01上

派丽中国总部办公楼

陈一红

苏州金螳螂建筑装饰股份有限公司

↑02下

郑州五洲国际工业品博览城销售中心

唐勇

苏州金螳螂建筑装饰股份有限公司

↑01上

宝鼎会所

史懿

苏州金螳螂建筑装饰股份有限公司

↑02下

跳跳堂时尚火锅店

戚海军

苏州金螳螂建筑装饰股份有限公司

↑01上

重庆珠江太阳城A1 B3楼办公楼公区室内装饰设计

梁虓　季林

苏州金螳螂建筑装饰股份有限公司

↑02下

上实泉州营销中心

陈晓慧

苏州金螳螂建筑装饰股份有限公司

↑01上

琥珀俊园售楼处设计

董永峻

苏州金螳螂建筑装饰股份有限公司

↑02下

苏州工业园区中新生态大厦

董永峻

苏州金螳螂建筑装饰股份有限公司

↑01上

安徽蓝鼎伯廷酒店

季震宇

苏州金螳螂建筑装饰股份有限公司

↑02下

昆山阳澄湖科技园中小学

王昕

苏州金螳螂建筑装饰股份有限公司

↑01上

中国东海新水晶城

徐欣

北京轻舟世纪建筑装饰工程有限公司

↑02下

新景家园

宋歌

北京轻舟世纪建筑装饰工程有限公司

↑01上

新景家园

黄彬翔

北京轻舟世纪建筑装饰工程有限公司

↑02下

棕榈泉小区

赵智铭

赵智铭设计师事务所有限公司

↑01上

天赋海湾江宅

黄远生

远生设计事务所有限公司

↑02下

沈阳新世界花园二期B区高层A4户型样板房设计

吕元祥建筑师事务所

↑01上
中国广州玫龙湖悦龙别墅

何永明

广州道胜装饰设计有限公司

↑02下
海之韵——保利银滩海王星度假酒店

蔡树龙

广州柏盛多维设计有限公司潮州设计事务所

↑ 01 上

潮州市精美工艺品有限公司整体设计

李军

成都上界室内设计有限公司

↑ 02 下

三味米中式餐厅

李军

成都上界室内设计有限公司

↑01上

上界办公空间

余文豪

汕头市正度工程设计有限公司

↑02下

汕头华佳科技有限公司玩具展厅

叶建纲

广东省美术设计装修工程有限公司

↑01上

深圳胜记世纪店

刘晖

广州市三禾装饰设计有限公司

↑02下

高德置地主塔楼及园林设计

关升亮

香港亮道设计顾问有限公司

↑01上

一瓷一世界

李伟强

广东省集美设计工程有限公司W组

↑02下

广州珠江国际纺织城逸景酒店

叶敏

广州市扉越建筑设计有限公司

↑01上

扉建筑办公室扩建改造

叶颢坚　范世誉

广州市中海怡高装饰工程有限公司

↑02下

三亚颐和大酒店

叶颢坚
广州市联智造营装饰设计有限公司
↑01上
名洋设计中心

陈华庆
广州华庆环境艺术设计工作室
↑02下
粤和会苑艺术会所

兰敏华

深圳市本果建筑装饰设计有限公司

↑01上

深圳图书馆·爱来吧

王小锋

尚诺柏纳·空间策划联合事务所

↑02下

广州市琶洲 保利·天悦 中央业主会所

陈卫群
广州卫观建筑装饰工程有限公司
↑01上
流花君庭嘉业厨意会所

黄治奇
深圳市零柒伍伍装饰设计有限公司
↑02下
重庆永川环球五号KTV

龙志雄
广州品龙装饰设计有限公司
↑01上
广州水伊方国际康体会所

龙志雄
广州品龙装饰设计有限公司
↑02下
艾菲丽时雪SPA会所

梁伟乾　杨林明
TCDI创思国际建筑师事务所
↑01上
东莞维美工程设计办公室

于艳
广东星艺装饰集团有限公司广州总公司
↑02下
南山奥园

于艳
广东星艺装饰集团有限公司广州总公司
↑01上
博雅首府

陆屹
汕头市目标设计装饰有限公司
↑02下
暗香

柏舍设计
柏舍励创专属机构
↑01上
成都中德英伦联邦A区5#楼3302户型

广州林慧峰装饰设计有限公司
↑02下
番禺海印又一城酒店项目单间创意样板房

赵宇明
广东省汕头市名景装饰设计有限公司
↑01上
古典新韵

叶颢坚　范世誉
广州市中海怡高装饰工程有限公司
↑02下
江门嘉峰汇B3样板房

黄育波

广州市华浔品味装饰设计工程有限公司

↑01上

守望麦田

谭立予

广东星艺装饰集团有限公司

↑02下

凯旋门复式单位

余昊

上海华凯展览展示工程有限公司

↑01上

天士力大健康展览馆

李亮　张丽丹

北京中装环艺教育研究院

↑02下

玉蝉咖啡厅设计方案

易强

深圳远鹏装饰集团有限公司

↑01上

深圳远鹏集团办公楼

田鹏

济南境美环境艺术工程设计有限公司

↑02下

I'MA gination艺术中心办公空间改造

钟山风

北京永一格展览展示有限公司

↑01上

海南富力鲸鲨馆

尹铁

广东省集美设计工程有限公司

↑02下

威尔登酒店·广州生物岛

樊威亚　许志军　曾海彤　　陈海津

广东省集美设计工程有限公司　　广州中恒信德建筑设计院有限公司

↑01上　　　　　　　　　　↑02下

开封国际金融中心·国金公寓方案　广州从化温泉养生谷商务会议区播展中心

王少斌
广州森昊装饰设计有限公司
↑01上
上林书院

杨奕荣
广州市美林文化传播有限公司
↑02下
广东佛山乐从保利拉菲公馆1栋107户型

李朝阳

清华大学美术学院环境艺术设计系

↑01上
西安壹洋购物中心室内环境设计

蒋华建

泛文中国·设计机构

↑02下
正迪集团

浦玉珍　薛俊　李家骏　李秩宇

悉地（北京）国际建筑设计顾问有限公司

↑01上

上饶三清山机场

金庆华

西双版纳摩玛视界建筑装饰设计工程有限公司

↑02下

北京新华保险接待大厅及办公楼

羡虹泰

北京非常视觉设计顾问有限公司

↑01上

渝香辣婆婆餐厅

刘首杰

北京富润天筑装饰设计有限公司

↑02下

梅园生态园大酒店

叶川

成都禾木美呈空间艺术设计有限公司

↑01上

金牛万达广场开业美陈设计主题《幸福花开》

张少华　张璐

广西师范学院师园学院、武汉大学城市设计学院

↑02下

西瓯骆越民俗展示厅设计方案

王汝博
逸尘光熙国际室内设计有限公司
↑01上
北京昆仑饭店"岩"花园走廊

金卫华
苏州雅集室内设计有限责任公司
↑02下
柏丽酒店宴会厅

张布耕　曾莉

成都上意艺术设计有限公司

↑01上

乐山远成商贸城售楼中心

曹静杰

北京清尚建筑装饰工程有限公司

↑02下

吴都阖闾城遗址博物馆展陈设计

吴诗中

北京清尚建筑装饰工程有限公司

↑01上

郑州烈士陵园中原革命英烈纪念馆展陈设计

许捷

北京清尚建筑装饰工程有限公司

↑02下

新青海大厦写字楼公共区域精装修设计

李珂

北京凯泰达国际建筑设计咨询有限公司

↑01上

平仄家居上海展示空间

黄成（黄喜成）

东莞市鲁班装饰工程有限公司

↑02下

大理双廊小巷云归精品酒店

麦尘

东莞市鲁班装饰工程有限公司

↑01上

东莞市厚街镇康华城老家私人会所

樊益锋

宁波观颐室内空间设计工作室

↑02下

宁波几木咖啡馆

卢忆

卢忆室内设计事务所

↑01上

麦甜二店

毛斌

宁波市鄞州启仓装饰设计工程有限公司

↑02下

烤古烧烤二店

陈德军

杭州金白水清悦酒店设计有限公司

↑01上

重庆酉阳桃花源度假村

郦佳

杭州郁金香装饰设计工程有限公司

↑02下

杭州汉鼎国际大厦

王建强

浙江世贸装饰设计工程有限公司
↑01上
杭州工艺美术博物馆《提线木偶展馆》

朱回瀚

朱回瀚设计顾问工程（香港）有限公司
↑02下
上海迪美逊公寓管家中心

张海涛

筑邦臣（北京）建筑工程设计有限公司

↑01上

赢家商务中心

蔡烈波

汕头市伊诺装饰设计有限公司

↑02下

时代明珠——质闪切面

陈墨文
汕头墨文环境设计公司
↑01上
捷血办公楼

马晓庆
驰云设计机构
↑02下
铂晶——雕琢晶致

宛佩
郝健沛设计师团队U-TEAM优合&JLA
↑01上
U-TEAM优合&JLA办公样板间

马先锋
武汉朗荷室内设计有限公司
↑02下
橱窗

孙阳

沈阳市飞翔装饰有限公司工程设计研究院

↑01上

黑龙江省人防办工程

朱回瀚

朱回瀚设计顾问工程（香港）有限公司

↑02下

吉林省工艺美术馆

陈易骏（陈骏）

广东省汕头市蓝鲸装饰设计有限公司

↑01上

魔方——科美塑胶大堂及产品展厅

陈易骏（陈骏）

广东省汕头市蓝鲸装饰设计有限公司

↑02下

云海——亿宏塑胶大堂及产品展厅

葛亚曦
LSDCASA
↑01上
杭州万科郡西别墅

姜万静
境象设计制作事务所
↑02下
瑞安市天瑞尚品小区私人住宅

查波
宁波大学科学技术学院设计艺术学院
↑01上
石浦一宅院

岳蔷
尚层装饰（北京）有限公司天津分公司
↑02下
天津市京基领域58-2

谢才江

深圳市中建南方建筑设计有限公司

↑01上

博林天瑞3A天际样板房（中国深圳）

夏泺钦

江苏旭日装饰工程有限公司

↑02下

水岸清华

郭贤义　黄钰雯

杰西艾伦室内装修设计（股）公司

↑01上

天润（宝品屋住宅）

戴绮芬

宽目空间创意

↑02下

云品川——Circulation

罗耕甫
橙田室内装修设计工程有限公司
↑01上
The Harbo House

陈志曙
福州好日子装饰工程有限公司
↑02下
韵·善合

王汝博

逸尘光熙国际室内设计有限公司

↑01上

北京昆仑饭店"岩"花园走廊

金卫华

苏州雅集室内设计有限责任公司

↑02下

柏丽酒店宴会厅

张布耕　曾莉
成都上意艺术设计有限公司
↑01上
乐山远成商贸城售楼中心

曹静杰
北京清尚建筑装饰工程有限公司
↑02下
吴都阖闾城遗址博物馆展陈设计

谢培河

IKD 艾克设计

↑01上

依山傍水——海尚海样板房设计

蔡烈波　张育莲　姚旸

苏州雅集室内设计有限责任公司

↑02下

柏丽酒店宴会厅

柯骏
汕头市宜家装饰有限公司
↑01上
隆泰时代明珠3幢B梯01房（现代中式）

陈佳蘋
汕头市筑雅室内设计
↑02下
隆泰时代明珠1幢（01）

连伟健

汕头市思美格装饰设计有限公司

↑01上

简

李廷伟

四川广汉古迪豪思装饰设计有限公司

↑02下

广汉市幸福大院中式大宅《鸟语书香》

孙朋久　张红松

黑龙江境朗环境艺术设计有限公司、哈尔滨师范大学美术学院

↑01上

极目家居体验馆A馆设计方案

谭武伟

海南欧艺设计顾问有限公司

↑02下

海口西海岸10号摄影会所

后记

中国室内装饰协会副会长兼设计专业委员会主任
清华大学美术学院教授
郑曙旸

被誉为中国室内设计"风向标"的"中国国际室内设计双年展"历经18年精心培育，是室内设计界一项标志性的品牌活动。"第十届中国国际室内设计双年展"在北京饭店会展中心举办，并在中国国家博物馆举行颁奖仪式，从内容和形式上，取得了新的突破。

展览以积极的态度弘扬东方传统文化，寻找"中国设计"的精气神，把历史传统和人文精神带入现代设计，营造了独具韵味的文化场域、艺术场域。展览以图纸案例展示、多媒体视频展示、产品实物展示、陈设艺术品展示、概念装置展示等多种形式，全方位展示了我国室内装饰行业的室内设计发展水平。

本届双年展收到来自全国的2000多幅展板，为历年之最。参展作品经过各地方室内装饰协会和有关机构的筛选，应该说反映了我国目前室内设计的整体水平和发展状况。其中不乏两岸三地知名设计机构与装饰公司最新成果，包括集美组、清尚、金螳螂、亚夏、东易日盛、业之峰等。其中不少优秀的设计作品，展现出设计者对人与自然、城市与乡村、传统与当代、民族与国际等问题的关注，反映了设计师在当代语境下，对文化、艺术与生活的思考。众多知名艺术院校的参与，是这次展览的一大特点。清华大学美术学院、中央美术学院、中国美术学院、广州美术学院、西安美术学院等25所著名艺术院校报送的师生作品，注重创新性、实验性和包容性，反映了当前室内设计的学术生态。"生活家·2014中国室内设计十大年度人物"和"2014中国十强室内设计机构"的展示以及"知世界·行中国——梁志天设计巡回展"，从一定意义上说，代表了当今中国室内设计的最高水准。每一位设计师和设计机构的展示都具有明显特色，透露出丰富的当代信息与语义。本次展览通过对展示形式与视觉经验的探索，传达着设计师思想文化的表达，在寻求传统艺术语言在现代语境的应用中，发掘中国本土文化资源和艺术的价值，是一次难能可贵的探索与实践。

相信通过坚持不懈的努力，中国室内设计一定能找到一条面向现代化、面向世界、面向未来，民族的科学的大众化道路，一条具有鲜明文化特色、民族特色、时代特色的可持续发展道路。

第十届
中国国际室内设计双年展
作品集 II

Works Collection of the 10th China
International Interior Design Bienniale II

 中国室内装饰协会 编
杨冬江 主编

中国建筑工业出版社

2014年是全面深化改革的第一年，是全面完成"十二五"规划目标任务的关键之年，室内装饰行业改革发展任务艰巨繁重。在全行业以昂扬状态促转型、谋发展之际，"第十届中国国际室内设计双年展"的举办，具有十分重要的意义。

当前，国家大力推进文化创意和设计服务与相关产业融合发展，这给室内设计行业带来了重要发展机遇。历经18年精心培育的"中国国际室内设计双年展"迎来了新的契机。通过"双年展"丰富设计体验形式和设计产业业态，让设计、艺术、材料、产业、学术、研发等要素在此聚集、碰撞、融合，使产学研用得以协同发展，使"原创设计"、"绿色设计"、"人文设计"等理念得以充分表达，使创意设计的驱动作用和创新活力得以充分释放。

本届"双年展"围绕"传承创新·产业融合"的主题，坚持"专业化"、"艺术化"、"精品化"，突出"创新性"、"文化性"、"导向性"。在全行业共同努力下，本届"双年展"的参展作品数量、参与地区覆盖均创历年之最。展出内容包括来自香港、台湾在内的我国30多个省市、地区的优秀设计作品，反映了我国室内设计的整体水准和最新成就。在展场的设计上，"双年展"求新求变，突出传统元素、文化元素，强调中国内涵、国际表达，令人耳目一新。在展览配套活动上，"2014中国室内设计高峰论坛"等一系列论坛、研讨，直面我国室内设计发展面临的国内外环境与亟需解决的重大问题，探讨经济发展、文化消费、设计创新之间的关系，具有较高学术价值和理论水平。"双年展"力图通过对本土文化资源和艺术价值的挖掘，从整体上梳理室内设计的创作面貌，展现设计师多样化艺术趋向，实现传统中国气质与审美视角在当代设计创作语境中的转译。

本届"双年展"得到了承办单位北京居然之家投资控股集团有限公司、全程赞助单位广东华颂家具集团的大力支持。各地方室内装饰协会、双年展各地方秘书处、各合作媒体与机构在"双年展"作品征集、宣传推广、评选表彰等方面做了大量工作，为本届"双年展"取得新突破贡献了力量。相信在全行业共同努力下，"双年展"将在新的起点上，为推动设计创新，促进"中国制造"向"中国设计"转变作出新的更大贡献。

II

目录

优秀奖

009_147

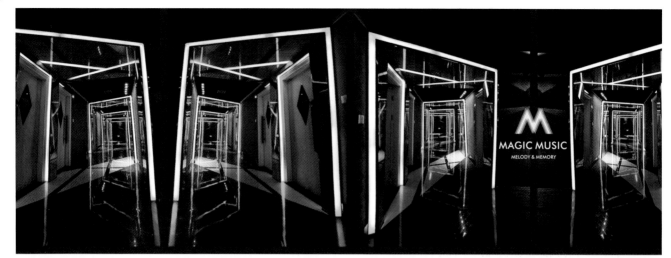

伍文进
上海九米室内装饰工程有限公司
↑01上 魔悦·时光主题量贩KTV

孙克仁
上海艺念之间室内设计事务所
↑02中 上海杰惠美发造型室内设计工程

黄道龙
上海柏泰装饰设计工程有限公司
↑03下 蟠龙山庄会所

周光涛
上海匠鼎建筑装潢设计工程有限公司
卡通尼乐园上海金桥 大宁店 ↑01-02上

上海百倍建筑装饰设计工程有限公司
早教中心 ↑03中

马拥斌
上海圣鼎建筑装潢设计有限公司
E17甜品店 ↑04下

吴忠强
上海益科建筑设计工程有限公司
↑01上 沪宁钢机办公室

袁晓华
上海以匠设计装饰工程有限公司
↑02中 上海麦海食品公司办公室室内设计

陈卫晨
上海三欣广告装潢有限公司
↑03下 尊尼获加

冯节　张鑫　汪琬　张莹莹
中国美术学院上海设计学院
国家级非物质文化遗产（徽州三雕）的展示创新实践——江西婺源华龙徽雕艺术博物馆展示设计 ↑01上

武鹏
上海关镇铨建筑装潢设计有限公司
远洋香奈 ↑02中

杨邦浩
上海悦喜建筑装饰工程有限公司
金地常州样板房 ↑03-04下

朱统菁
上海艺念之间室内设计事务所
↑01-02上　浙江平湖朝阳嘉苑

秦朗
上海艺念之间室内设计事务所
↑03-04中　上海湖畔佳苑别墅住宅室内设计方案

万小斌
上海美力达建筑装饰设计工程有限公司
↑05-06下　御樽苑

唐来扣
上海至淳建筑装潢设计有限公司
锦绣华都原木自然风 ↑01上

上海东顺设计装饰有限公司
金谊河畔 ↑02-03中

薛慕卿
上海同济高技术有限公司
仁恒滨江 ↑04-05下

王玉秀
大连百成易上装饰设计有限公司
↑01-02上 丽江档口斑鱼店

陈静
大连拓扑空间设计有限公司
↑03-04中 恒裕地产：领秀会所

亓志钢
大连恒艺装饰装修工程有限公司
↑05-06下 大连亿达春天别墅

侯万强
大连杰思装饰装修工程有限公司
鲅鱼圈鸿基海岸5号楼 ↑01-02上

侯彦彤
东易日盛家居装饰集团股份有限公司大连分公司
东方圣克拉600平底跃层 ↑03-04中

余蛟　许菁　潘天云　宋伟　叶云峰
江苏省建筑装饰设计研究院有限公司
六合文化城文化馆室内装饰设计 ↑05下

张宏斌　姚瑶　曹玉玲　潘天云　渠智程　赵鹏
江苏省建筑装饰设计研究院有限公司
↑01上　南京新纪元大酒店改造工程室内设计
唐建军　杨春雪
中国建筑装饰集团有限公司江苏分公司
↑02中　江苏银都大酒店
颜文明　吴传景　徐吉
常州轻工职业技术学院
↑03下　江阴贝德办公楼室内设计

施晓峰（主创）　孟芳
无锡市超群建筑工程有限公司
苏州碧螺村私房别墅 ↑01-02上

孟芳（主创）　施晓峰
无锡市超群建筑工程有限公司
无锡碧桂园 ↑03-04中

森扬空间装饰工程有限公司
德味楼——事记 ↑05-06下

王楠
含亦设计工作室
↑01-02上 飞龙花苑别墅

李雪松
含亦设计工作室
↑03-04中 今年夏天

李海云
山西并州吉祥满堂红装饰有限公司
↑05-06下 早春

刘文婷
山西斯图加特建筑装饰设计工程有限公司
滨河湾小区 ↑01-02上

张豪　郭治辉　吴雪　薛晓杰　李晔亭
西安美术学院
多彩童年——小学校园环境艺术设计方案 ↑03中

海继平　胡月文　尼炳昊　党德正
西安美术学院建筑环境艺术系
《湛园》画作展示空间设计——江文湛美术馆 ↑04下

周靓
西安美术学院
↑01-02上 山西某集团配套综合楼整体设计
李辉 李娟 翁喆 宋涛
西安市红山建筑装饰设计工程有限责任公司
↑03中 西安国家数字出版基地示范区室内设计概念方案
张英
陕西北元装修装饰工程有限公司
↑04下 西安隆基御道售楼会所设计方案

岳屹立　徐向梅　郑东
西安德美环境设计工程有限公司
延安天欣母婴护理之家 ↑01上

高巍
西安德雅装饰工程有限公司
西安世园会陕北文化展馆 ↑02-03中

武亚辉
陕西佳豪装饰净化工程有限公司
狄诺茶餐厅 ↑04-05下

魏思进
陕西贝思装饰装修设计有限公司
↑01上 云南怒江涵谷假日酒店

马文文
西安舒馨装饰工程有限公司
↑02中 绿茶餐厅

李明　高菲
陕西韩城开元装饰工程有限公司
↑03下 韩城大红袍花椒博物馆

何通航
陕西友谊装饰工程有限公司
"凤凰新天地"售楼部 ↑01上

张金玲
陕西一方盛装饰工程有限公司
先谷记餐厅 ↑02中

马灵　李占杰
西安优典装饰设计工程有限公司
元丰民族大厦清真寺 ↑03下

李晓林　李胜利　马美荣　白娜　王子路
西安福泽建筑装饰工程有限公司
↑01上　泾渭体育运动中心体育馆内装修

宫丽莉
陕西建工第一建设集团有限公司装饰公司
↑02-03中　C919中航汉胜办公楼装修设计

谷安林　曹晶　赵晓玲
陕西南枫装饰设计工程有限公司
↑04-05下　陕西省中医医院住院楼

陈宏耀　钟巍　张锋刚
陕西华正设计发展有限责任公司
大唐锦城酒店餐厅包间 ↑01-02上

王彤　冯琳　王璐婧
绛帐传薪楼多功能演艺厅 ↑03-04中

徐文辉
陕西阳光装饰工程有限责任公司
延安洛杉矶保育院 ↑05-06下

刘炜
陕西文博设计有限公司
↑01上 汉水文化博物馆陈列工程

王梅
陕西盛世装饰工程有限公司
↑02中 西凤文化酒店大厅装饰工程

倪丽娟
陕西格莱瑞装饰设计工程有限公司
↑03下 曲江碧馨苑装饰装修工程

袁家千
陕西聚元科技有限公司
日月府别墅——感悟奢华　↑01-02上

王卫华
西安林海装饰工程有限公司
景泰家园小区1#楼中单元4楼东户　↑03-04中

王梅
泰森·星月国际9号楼A户型样板间装饰工程
陕西盛世装饰工程有限公司　↑05-06下

胡旖妮　张少彬
山西点石装饰设计有限公司
↑01上 长风乐℃主题KTV
牛大江　狐云杰
山西点石装饰设计有限公司
↑02中 左权柏峪生态园酒店
张少彬　张凯
山西点石装饰设计有限公司
↑03下 金三角曼哈顿娱乐广场

杨志强
山西点石装饰设计有限公司
孝义私企办公楼 ↑01上
闫文光
山西凯云天程装饰工程有限公司
山西金伯爵盛唐华彩主题婚礼酒店 ↑02中
刘新华　李慧敏
山西天安装饰工程有限公司
山西省太原市花香丽舍某别墅设计方案 ↑03下

刘昱晓
大庆师范学院
↑01-02上 百湖会所

张国强
大庆金马环艺装饰工程有限公司
↑03-04中 让区华丰大酒店装饰工程

周铁东　周墨　王雪松
大庆市墨人装饰工程有限公司
↑05-06下 安杰玛SPA会所

周铁东　周墨　王雪松
大庆市墨人装饰工程有限公司
私人别墅　01-02上

黄晓文
福建国广一叶建筑装饰设计工程有限公司
雅韵　03中

许双福
福建国广一叶建筑装饰设计工程有限公司
平潭综合实验区金井湾商务运营中心　04下

温文府
福建国广一叶建筑装饰设计工程有限公司
↑01上 福清冠发空中别墅南三
卢皓亮
福建国广一叶建筑装饰设计工程有限公司
↑02中 陈府别墅——美式华尔兹
庄锦星
福建国广一叶建筑装饰设计工程有限公司
↑03-04下 宏侨凯旋名门12号

叶猛
福建国广一叶建筑装饰设计工程有限公司
融信大卫城 ↑01-02上

林道明
厦门林饰山房装饰设计有限公司
静谧淡雅 ↑03中

阮阮
厦门总全装饰设计工程有限公司
总全样板房 ↑04-05下

朱煌
厦门百家安装饰工程有限公司
↑01-02上 木空间

温哲
广东星艺装饰厦门分公司
↑03-04中 现代风格

余凌
厦门好易居装饰有限公司
↑05-06下 隐

林文超
厦门鸿采建筑装饰工程有限公司
厦航高郡 ↑01上

张玉婷
九鼎装饰股份有限公司厦门分公司
简 ↑02-03中

葛九龙
厦门威尔思装饰工程有限公司
古国贸蓝海 ↑04下

郑斯绘
青岛腾辉室内设计事务所
↑01上 莱茵河·德式餐厅

叶智
河南红之叶装饰工程有限公司
↑02中 湖南湘西风情KTV

秦继伟
河南基伟设计师事务所
↑03-04下 宝丰会所设计方案

冯莹莹
北京业之峰装饰有限公司平顶山分公司
品味后现代 ↑01-02上

石六庆
亚厦设计院
湖北嘉嘉悦办公会所 ↑03中

王巧燕
武汉颜艺装饰工程有限公司
江上品酒店 ↑04-05下

杨珣
贵阳超市装饰设计有限公司
↑01-02上 贵阳市盐务街宅学1单元24-2

安亚
武汉吉禾设计有限公司
↑03-04中 《西风东渐》新东方风格居停

刘新传
湖北省易百嘉美装饰设计工程有限公司
↑05-06下 低调奢华

石六庆
亚厦设计院
武汉花山碧桂园别墅 ↑01-02上

蔡伟
湖北省易百嘉美装饰设计工程有限公司
春天的约会 ↑03中

刘莉　郭帆
潜江名匠建筑装饰工程有限公司
盛世东城 ↑04-05下

余贵忠
湖南壹品装饰设计工程有限公司
↑01上 是沙！是纱！还是傻！
黎玉平
湖南恭和室内设计有限公司
↑02中 世纪皓恩南岳养公寓
文武
常德市金澳装饰工程有限公司
↑03下 湘三和中医养身馆

许浪
湖南品尚建筑装饰工程有限公司
Mbus ↑01上
李沁儒
常德居众装饰设计工程有限公司
居民住宅室内设计 ↑02-03中
刘梓诚
常德居众装饰设计工程有限公司
居民住宅室内设计 ↑04-05下

田方
湖南常德雅室装饰有限责任公司
↑01-02上 怡景御园
邱缤
常德市嘉禾装饰工程有限责任公司
↑03-04中 常德市三一翡翠湾3栋405住宅
阮航
常德市嘉禾装饰工程有限责任公司
↑05-06下 常德市三一翡翠湾3栋405住宅

刘庆
湖南创鸿源室内设计有限公司
常德市金色世纪户型 ↑01上

熊昕
常德市新锐装饰有限责任公司
东方美景复式 ↑02-03中

熊浩球
常德市新锐装饰有限责任公司
天利桃花源别墅 ↑04-05下

戴亚兰
常德市宏胜装饰有限公司
↑01上 浙商广场商住楼
施维
常德市宏胜装饰有限公司
↑02-03中 德景园小区
夏美玲
常德市宏胜装饰有限公司
↑04下 捌海公馆小区

葛艺峰
湖南恒宇装饰设计工程有限公司
倦鸟知返 ↑01-02上

蒋莉
湖南恒宇装饰设计工程有限公司
低调奢华 ↑03-04中

李媛媛
湖南恒宇装饰设计工程有限公司
罗曼之风 ↑05-06下

严新章
湖南恒宇装饰设计工程有限公司
↑01-02上 新东方"意韵"

曹亮
湖南省益阳市天礴设计工作室
↑03-04中 "资江·河畔"自建别墅

张燕
湖南自在天装饰湘潭分公司
↑05下 Tuscany的迷恋

罗宁
私人定制奢华风——售楼部 ↑01上

罗靓波
湖南百盛装饰设计工程有限责任公司
世彩茶楼设计 ↑02中

汤乐知　何佳龙　丁程　肖婷
衡阳市木源装饰设计有限公司
养生茶楼——《寒食》 ↑03下

李露
湖南高速铁路职业技术学院
↑01上 十二生肖空间小品

周翩宇
衡阳市新思域装饰设计有限公司
↑02-03中 从弄堂到老站 味霖餐厅

杨尚磊
衡阳市杨一装饰有限公司
↑04下 凡尔赛之约

黄波
衡阳市墨兮设计驿站黄波工作室
纯酿凡尔赛 ↑01-02上

李虎
衡阳市金煌建筑装饰有限公司
水岸新城 ↑03-04中

罗毅
衡阳市金煌建筑装饰有限公司
云沙诗意 ↑05-06下

张必竞　常高宁　颜卿　许珂　李怡玲　刘超
湖南省三维雅筑装饰工程有限责任公司衡阳分公司
↑01-02上 阿波罗的宫殿

胡领　李家豪　黄媛　田韬
衡阳市南华大学设计与艺术学院
↑03-04中 如梦令·青花瓷

唐四周
湖南自在天装饰衡阳分公司
↑05-06下 家居实例

黄荣森
湖南自在天装饰衡阳分公司
润泽上邸——家装实例 ↑01上

张衡松
湖南自在天装饰衡阳分公司
家居方案 ↑02-03中

欧阳卫
湖南自在天装饰衡阳分公司
衡府——家居实例 ↑04-05下

罗宁
↑01-02上 邂逅古典浓情

杨尚磊
衡阳市杨一装饰有限公司
↑03-04中 邂逅法兰西

管新华
宁夏建筑设计装饰工程有限公司
↑05-06下 银川市观湖一号10-1别墅室内设计

甘宁波　卢云柳
昆明胜洲装饰工程有限公司
云南省丽江玉龙雪山景区甘海子餐饮服务中心室内外装饰工程 ↑01-02上

范松灵
大理市松灵设计工作室
瑞霖号 ↑03-04中

黄华君
昆明弘佳国际设计公司
PROMISE ↑05-06下

王秋艳
云南本然装饰工程有限公司
↑01-02上 萨米牛排面餐厅

张翔
云南理想装饰设计工程有限公司
↑03-04中 华夏御府B3户型样板间

肖改
云南品家园装饰工程有限公司
↑05-06下 若水铭居的东方魅力

李军
云南品家园装饰工程有限公司
演绎新中式 ↑01-02上

唐姚
昆明欢乐佳园室内装饰工程有限公司
波西米亚 ↑03-04中

展康震
昆明欢乐佳园室内装饰工程有限公司
翡翠湾 ↑05-06下

杨涛
上海紫苹果装饰集团昆明公司
↑01-02上 列浓溪谷

王新勇
昆明中策装饰（集团）有限公司
↑03-04中 富民山与城

买帅
↑05-06下 MRS酒吧项目设计

郭嘉
典尚逸品设计会所
中式茶楼会所 ↑01-02上

黄伟彪
甘肃御居装饰设计有限公司
创智国际 ↑03-04中

黄伟彪
甘肃御居装饰设计有限公司
紫金百货 ↑05-06下

王祥瑞
William原创设计工作室
↑01-02上 枫林晚西餐，茶语

杨尚武
甘肃省张掖市宏石设计装饰有限公司
↑03中 甘肃省张掖市国家沙漠公园游客接待中心

南泉
甘肃庆阳文南装饰设计工程有限公司
↑04-05下 御景城样板房设计

任少进
贵州城市人家装饰工程有限公司
逸品轩会 ↑01-02上

吴艳美
贵州城市人家装饰工程有限公司
贵州辣尚仙 ↑03-04中

沈成勇
贵州城市人家装饰工程有限公司
金三角王府设计方案 ↑05-06下

陈莉莉
贵阳中策装饰有限公司
↑01-02上 世纪南山——尚·自然

胡雁飞
贵阳中策装饰有限公司
↑03-04中 都市人生丽景——绚丽时尚光彩

刘娟
贵阳中策装饰有限公司
↑05-06下 紫喻之漫

俞仲湖
贵阳中策装饰有限公司
恒丰一品 ↑01-02上

付世兴
成都川豪装饰贵阳分公司
保利春天大道 ↑03-04中

吕金霖
成都川豪装饰贵阳分公司
山水黔城府邸别墅五栋 ↑05-06下

孔杰杰
贵州云上装饰工程有限责任公司
↑01-02上 家装

杨国令
生活家(北京)家居装饰有限公司贵阳分公司
↑03-04中 中渝第一城

张金敏
生活家(北京)家居装饰有限公司贵阳分公司
↑05-06下 金阳·世纪城·锦纹格韵

李可可
贵州臻品建筑装饰工程有限公司
保利溪湖"雅" ↑01-02上

李阳
海南艺廊装饰设计工程有限公司
海口西海岸比华利山庄休闲会馆 ↑03-04中

邝道华
海南省文化艺术学校
海南椰仙谷精品酒店 ↑05-06下

谭武伟
海南欧艺设计顾问有限公司
↑01-02上 海口观澜湖兰桂坊Espuma咖啡西餐厅

陈志潇
广东星艺装饰集团海南分公司
↑03-04中 猪圈小屋咖啡屋

林瑾
海南万象艺术室内设计有限公司
↑05-06下 万象公司办公室设计

许洪
海南原语设计咨询有限公司
海南万宁弗拉明戈、屿海售楼处室内设计 ↑01-02上

张浩华
海南大精盛装饰工程有限公司
隐泉日本料理餐厅 ↑03-04中

符芳武
海南悟新装饰工程有限公司
蜀天下餐厅 ↑05-06下

李晖
海南布言布语软装饰工程有限公司
↑01-02上 布言布语软装体验馆——东南亚展区

林山
海南三川装饰设计工程有限公司
↑03-04中 海南海口一号华府双龙厅

林道业
海南三川装饰设计工程有限公司
↑05-06下 海南三亚林达海景大酒店西餐厅

林山　林道业
海南三川装饰设计工程有限公司
海南三亚国际饭店海景西餐厅 ↑01-02上

富元
三亚富元装饰设计工程有限公司
河北白洋淀幸福——荷语墅 ↑03-04中

富元
三亚富元装饰设计工程有限公司
泰德海界白石郡 ↑05-06下

王朝能
海南朝能设计顾问有限公司
↑01-02上 万特地产——上好华庭营销中心

梁平平
北京方圆水木旅游景观规划设计院海南分院
↑03中 三亚富斯、福水湾西项目景观设计

李阳
海南艺廊装饰设计工程有限公司
↑04-05下 泰达——海口西海岸天海国际别墅

刘扬庄
海南森庄设计顾问有限公司
海口"阳光世纪海岸白云公寓" ↑01上

刘伊纯
海南艺城日盛装饰有限公司
海南海口市和风江岸小区201宅 ↑02-03中

律志树
吉林省百合国际高端设计工作室
和记黄埔别墅 ↑04-05下

陈显文
广西玉林市美和设计室
↑01-02上 梅花舒屋

黄健
苏州金螳螂建筑装饰股份有限公司
↑03-04中 金太阳精品酒店

李刚　朱青松
苏州金螳螂建筑装饰股份有限公司
↑05-06下 南通老何茶室

缪逸平
苏州金螳螂建筑装饰股份有限公司
多彩贵州售展中心 ↑01-02上

段秀丽　吴学林
苏州金螳螂建筑装饰股份有限公司
江苏省东台仙湖湖滨花园酒店 ↑03中

朱庆新
苏州金螳螂建筑装饰股份有限公司
重庆拓新国际会议中心 ↑04-05下

王剑
苏州金螳螂建筑装饰股份有限公司
↑01-02上 江门汇悦城

项天斌
苏州金螳螂建筑装饰股份有限公司
↑03-04中 宁夏华祺大饭店

项天斌　陈昌勇
苏州金螳螂建筑装饰股份有限公司
↑05-06下 镇江九华锦江国际酒店

杨保忠
苏州金螳螂建筑装饰股份有限公司
北京密云古北水镇大酒店软装配饰 ↑01-02上

蒋缪奕
苏州金螳螂建筑装饰股份有限公司
安徽蚌埠龙之湖迎宾馆 ↑03-04中

丁丁　韩景
住宅设计一所
宿迁信息科技园2号楼 ↑05-06下

赵梓羡
北京轻舟世纪建筑装饰工程有限公司
↑01-02上 崇文门新景家园

黄舜
北京轻舟世纪建筑装饰工程有限公司
↑03-04中 棕榈泉小区

郭林
北京轻舟世纪建筑装饰工程有限公司
↑05-06下 棕榈泉小区

李彩霞
北京轻舟世纪建筑装饰工程有限公司
SOHO现代城 ↑01-02上

邱美榕
北京轻舟世纪建筑装饰工程有限公司
SOHO现代城 ↑03-04中

王会来
北京轻舟世纪建筑装饰工程有限公司
天通西苑三区 ↑05-06下

张利国
北京轻舟世纪建筑装饰工程有限公司
↑01-02上 新景家园

郑岩
北京轻舟世纪建筑装饰工程有限公司
↑03-04中 天通苑西三区

赵春渝
北京轻舟世纪建筑装饰工程有限公司
↑05-06下 天通苑西三区

王振彬
北京轻舟世纪建筑装饰工程有限公司
望京新城 ↑01-02上

张阳
北京轻舟世纪建筑装饰工程有限公司
天通苑三区 ↑03-04中

孙海静
北京轻舟世纪建筑装饰工程有限公司
望京新城 ↑05-06下

丁容成
北京轻舟世纪建筑装饰工程有限公司
↑01-02上 望京新城

曾智源
Novus Penetralis Limited
↑03-04中 Sun Palace

梁锦标
梁锦标设计有限公司
↑05-06下 宏泰集团

黄远生
远生设计事务所有限公司
香港位元堂总店形象设计　↑ 01-02 上

梁超贤
梁超贤设计师有限公司
悠乐 Deli&Leisure　↑ 03 中

柯明勋
KES室内设计有限公司
景怡峯　↑ 04 下

张忠发
广州市浩思装饰设计有限公司
↑01-02上 茂名市HI SOHO苏豪国际艺术公寓(花园酒店改造项目)

梁仓尔　刘小苑
江门市景鸿设计装修有限公司
↑03-04中 江门市荷塘中嘉国际大酒店

吕海雪
广东嘉应学院美术学院
↑05-06下 竹韵——荷树园电厂三期员工之家

谢国首　萧海翔
湛江一首设计装饰有限公司
一首设计会所 ↑01上

本则创意
柏舍励创专属机构
万科佛山金域中央售楼部 ↑02-03中

刘晖
广州市三禾装饰设计有限公司
广东省龙御行汽车服务有限公司 ↑04-05下

池晓鸣　宋雯
温州市云艺建筑装饰设计院
↑01-02上 诸暨 K oneone主题量贩KTV

郭淙淙　管立晓　赵海月
温州市云艺建筑装饰设计院
↑03-04中 亨嘉会会所

郭淙淙　管立晓　刘木子　程秀玲
温州市云艺建筑装饰设计院
↑05下 瑾瑜·白鹿堡

张祝伟
潮州市朝代设计工程事务所
"海博·熙泰"帆船会所 ↑01-02上

吴广　刘家贵　经孝保　覃弘娥
E&壹DESIGN设计工作室
泸·庄度假酒店 ↑03-04中

喻晓洁
广州班艺装饰设计工程有限公司
随缘艺术品展厅 ↑05下

叶乐
↑01上 温州华夏银行总行综合大楼室内设计

杨舒豪　梁静华
广州佳美装饰工程有限公司
↑02-03中 广州顺风府酒楼

杨舒豪
广州佳美装饰工程有限公司
↑04-05下 阳江声浪网络会所

徐衡
广州尚品装饰设计工程有限公司
北京广泽汇 ↑01-02上

吴庆春　丁微
潮州市正格设计
绕梁韵 ↑03中

章惠华
广州市戴玮莫室内装饰设计有限公司
中海黎香湖综合运动馆 ↑04下

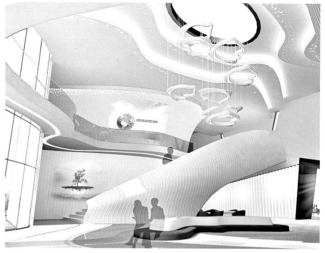

张俊竹
顺德职业技术学院设计学院
↑01-02上 全球暖化博物馆设计

张俊竹
顺德职业技术学院设计学院
↑03中 顺德现代美术馆

李寰宇　李军　谭翀
↑04-05下 广州盈通大厦超甲级写字楼——奢侈品样板间

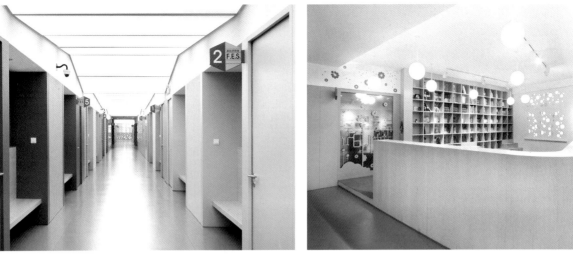

陈超
上海城集装饰设计工程有限公司
天山一小未来学习中心 ↑01-02上

田丽勤　刘树明
TCDI创思国际建筑师事务所
时代链-富力盈凯广场15F办公室 ↑03-04中

李寰宇　陆舒扬　段晓明
广州市住宅建筑设计院
富力岭南花园温泉度假山庄 ↑05下

梁锦标
梁锦标设计有限公司
↑01-02上 一家之柱——创意

吴磊磊
东莞吴磊设计工作室
↑03-04中 故事

黄松佳
华浔品味装饰
↑05-06下 蔚雅·品味空间

帅伯尤
广东星艺装饰集团有限公司广州总公司
保利·高尔夫郡 ↑ 01-02上

熊朝辉
湖景花园卢宅 ↑ 03-04中

广州林慧峰装饰设计有限公司
肇庆海印大旺又一城C9别墅样板房 ↑ 05-06下

刘特鹏
揭阳市艺谋装饰设计有限公司
↑01上 金碧尚都花园豪宅

郑成标　郑宋玲
香港郑成标建筑装饰设计事务所/广州郑氏装饰设计有限公司
↑02中 十里方圆观澜别墅

雷鸣
广州璐鸣展览策划有限责任公司
↑03-04下 佛山凯德泊宫别墅设计

关升亮

香港亮道设计顾问有限公司

L宅 ↑01-02上

曹国媛

广州美术学院

竹外桃源——顺德大良西山上筑10栋01室内设计 ↑03-04中

曾克明

广州美术学院

完璧归赵——广州水蓝郡B1型样板房室内设计 ↑05-06下

陈蓉
汕头市绿园设计有限公司
↑01-02上 福建东山岛旗滨·领海国际度假公寓

叶戈
广州和信智美装饰设计有限公司
↑03-04中 重庆鉴山国际项目一期78栋别墅

陈卫群
广州卫观建筑装饰工程有限公司
↑05-06下 南湖高尔夫别墅

林建飞　翁威奇　林伟文　陈子强
广东省美术设计装修工程有限公司林建飞工作室
和 ↑01-02上

林伟文　陶美婷　程建锋　黄健豪
广东省美术设计装修工程有限公司林建飞工作室
都市寻梦 ↑03-04中

丁刘慧
广州魅无界装饰设计有限公司
内蒙古新天地样板间B ↑05-06下

肖功渝
北京天文弘建筑装饰集团有限公司
↑01-02上 圣托里尼主题酒店

李亮　邓继光
北京中装环艺教育研究院
↑03-04中 金玉名苑杜总别墅设计方案

梁国文　刘冰　龙伟基
广东省集美设计工程有限公司
↑05-06下 宏宝国际酒店（五星级）

杨帆　李桦　刘如凯
广东省集美设计工程有限公司
柳州工业博物馆展陈设计　↑01-02上

杜秋荣　林浩森
广州市越秀建筑设计院有限公司
聚龙湖国际温泉酒店　↑03中

石海强
广州市石头设计有限公司
佛山铂顿商业广场　↑04-05下

周文胜
广州市榀格室内设计顾问有限公司
↑ 01-02 上 北京燕郊天洋城商务中心

严健
广州严健园林景观设计有限公司
↑ 03-04 中 圣淘湾别墅园林景观设计

梁俊麒
广州鎏域麒艺术设计有限公司
↑ 05-06 下 凯悦——环球商务酒家

杨奕荣
广州市美林文化传播有限公司
广东佛山乐从保利拉菲公馆G户型 ↑01-02上

许志军
广东省集美设计工程有限公司
中山利和公馆住宅 ↑03-04中

张威
佛山市禅城区威思创意设计室
唇红齿白 ↑05-06下

孙建亚
上海亚邑室内设计有限公司
↑01-02上 三银集团上海总部办公室

戴辉
北京锦岳恒辉装饰工程设计有限公司
↑03-04中 长沙卢浮原著售楼处及样板间

奚晔
北京峰上室内设计
↑05-06下 贵州幸福里西区展示中心

李鹏
厦门诺亚品牌管理有限公司
茜雅朵朵第三代店铺形象 ↑01-02上

曾麒麟　谭周俊
北京筑邦建筑装饰工程有限公司成都分公司
大源之心售楼部及样板房 ↑03-04中

吴小路
柒合（北京）建筑设计有限公司
山东梁山水浒文化广场接待中心 ↑05-06下

奚晓鸣
苏州基业景观营造装饰工程有限公司
↑ 01-02 上 湘恋餐厅斜塘老街店

陈彦
成都业之峰装饰公司峰翼高端设计工作室
↑ 03-04 中 成都环球中心办公空间室内设计

艾丽（昀潞）
深圳昀潞思维设计有限公司
↑ 05-06 下 云来居素食馆海上世界店室内装饰工程

王严钧（王延军）
黑龙江省佳木斯市豪思环境艺术顾问设计公司
野茶红酒餐厅 ↑01-02上

于银
北京中美圣拓建筑工程设计有限公司
北京城建盛茂广场售楼处 ↑03-04中

丁瑞锐
广东省潮州市恒瑞广告装饰有限公司
老潮州茶楼 ↑05下

鲁小川
北京丽贝亚建筑装饰工程有限公司
↑01上 泰乐会 (TIME PARTY)

杨波
香港杨子设计（集团）有限公司
↑02中 K&Q潮派创意酒店

王求安
北京安哲建筑设计咨询有限公司
↑03-04下 四季钱塘餐厅

戴绮芬
宽目空间创意
行云流水——Flowing Rhythm ↑01-02上

蔡国华
彩舍室内装修设计有限公司
光明分子新埔店设计规划案 ↑03-04中

孙锦
天津美术学院环境与建筑艺术学院
檀府假装苏杭中餐厅 ↑05-06下

王志凯
北京正喜大观环境艺术设计有限公司
↑01-02上 北京兆泰集团悠唐商业中心设计项目

桂峥嵘
上海桂睿诗建筑设计咨询有限公司
↑03-04中 常州中海锦龙湾售楼处

冯杏开
↑05-06下 广西柳工全球研发中心

大铭
居然顶层设计中心诺布设计工作室
铜雀台会所 ↑01上

李宏升
御舍（国际）建筑装饰集团
江西九江映日荷花芙蕖茶苑售楼处 ↑02-03中

刘青　薛建国　崔启龙　马玲
江苏省建筑设计研究院有限公司
疏散基地工程室内装修方案设计和施工图设计招标 ↑04-05下

刘青　汤勤　王蓉　潘化冰
江苏省建筑设计研究院有限公司
↑01上 中山码头修缮改造及周边区域环境整治

杜向明
南京陆柒捌室内设计有限公司
↑02中 华凯大酒店

陈洪钧
南京华夏天成建设有限公司
↑03-04下 黄山御山湖会所室内设计

刘延波
南京测建装饰设计顾问有限公司
馨香斋·火锅城 ↑01-02上

许建国
合肥许建国建筑室内装饰设计有限公司
大曹氏展厅设计 ↑03-04中

宋婧　王海鹏　崔烨
中国中轻国际工程有限公司
中关村科技园区A10-2项目 ↑05-06下

郭又新
福州又新空间设计装饰有限公司
↑01-02上 三坊七巷上瑞会所

施炜
↑03-04中 湖北房县滨湖国际大酒店

安杉杉
上海凭海临风建筑工程设计有限公司
↑05-06下 丝界店铺设计

王虎成
藝界国际设计有限公司·南京黑虎设计工作室
正山堂茶艺——南京店 ↑01上

闻玉勇
南京我们室内设计有限公司
南京九楼会所 ↑02中

李明
云上设计装饰工程有限公司
云上设计装饰工程有限公司办公室 ↑03-04下

李启江
北京天阙建筑设计有限公司
↑01-02上 自如寓酒店式公寓

胡秦玮
宁波市禾公社装饰设计有限公司
↑03中 禾公社装饰办公空间

李财赋
宁波古木子月空间设计公司
↑04下 宁波古木子月空间设计办公室

林卫平
宁波江东西泽装饰设计工程有限公司
宁波SID工业设计有限公司 ↑01-02上

卢忆
卢忆室内设计事务所
粤新茶餐厅 ↑03-04中

徐栋
宁波栋子室内设计工作室
浙江余姚太守名府售楼厅 ↑05-06下

周剑青
宁波江东优内设计有限公司
↑01-02上 Pastry派斯俊烘焙餐厅

顾碧波
宁波GBB室内设计事务所
↑03-04中 宾果美发Salon

鲍国君
点石国际（香港）室内设计机构
↑05-06下 艺欣茶舍

徐冬明
杭州金白水清·悦酒店设计有限公司
宁波厨房工业博物馆室内设计装饰工程 ↑01-02上

王建强
杭州金白水清悦酒店设计公司
重庆威斯汀酒店爱丽舍宫娱乐会所 ↑03中

柳丽丽
中国美术学院风景建筑设计研究院
西溪湿地智慧家庭体验、展示中心 ↑04-05下

王剑
中国美术学院风景建筑设计研究院
↑01-02上 义乌市国际商贸城医院室内装饰设计

张纪中
武汉颐馨园室内空间设计工程有限公司 / 张纪中室内建筑
↑03中 上荟馆咖啡厅

张云　张浪　张怀
北京艾迪尔YLH地产组 设计团队
↑04-05下 唐山铂悦山售楼处

施旭东
福州世纪唐玛设计顾问有限公司
醉东方 ↑ 01-02 上

陈榆
万和装饰设计工程有限公司
故乡情·唯美客栈 ↑ 03-04 中

林雁明
汕头市明朝空间装饰设计有限公司
流光 ↑ 05-06 下

肖铭
杭州天际线设计研究院
↑ 01-02 上 诸暨·雄风新天地

虞华明
浙江新中环建筑装饰工程有限公司
↑ 03-04 中 海利开元名都大酒店

周萍
浙江新中环建筑装饰工程有限公司
↑ 05-06 下 庆元县公共服务中心

刘兴贵
沈阳市飞翔装饰有限公司工程设计研究院
辽宁信合信用联社 ↑01上

刘兴贵　刘畅
沈阳市飞翔装饰有限公司工程设计研究院
南航大连宾馆 ↑02-03中

刘兴贵
沈阳市飞翔装饰有限公司工程设计研究院
沈阳地铁二号线 ↑04下

刘兴贵　袁经一
沈阳市飞翔装饰有限公司工程设计研究院
↑01-02上 长春龙嘉国际机场

杨大明
杨大明设计顾问事务所
↑03-04中 杨大明设计顾问事务所办公室

李洪彦
长春市轩艺装饰设计有限公司
↑05-06下 大连万达售楼处营销中心装饰装修工程

奚徽品
安徽品智建筑装饰工程有限公司
小天使网络会所 ↑01-02上

林青华
林青华建筑室内设计工作室
绿野仙踪 ↑03-04中

赖师庭
广州赖师庭设计事务所
源·空间 ↑05下

蒋俏
杭州御润环境艺术工程有限公司
↑01-02上 御润OWOD——万科小幸福

葛亚曦
LSDCASA
↑03-04中 上海万科翡翠别墅

王小根
北京根尚国际空间设计有限公司
↑05-06下 北京金地西山艺境别墅样板间——多瑙河圆舞曲

孙康
成都业之峰汇巢别墅设计机构
雅居乐小区吴昊豪宅 ↑01-02上

杨昆
北京业之峰诺华装饰股份有限公司
平谷马坊别墅 ↑03中

赵鸿彦
北京业之峰诺华装饰有限公司
檀香山独栋别墅 ↑04-05下

邱宇
成都业之峰装饰公司
↑01-02上 麓山国际社区——香怡林小区

郑志强
太原业之峰诺华装饰有限公司
↑03-04中 中式情结

刘强
北京业之峰装饰
↑05-06下 达观别墅

虞佳豪
业之峰装饰诺华装饰公司重庆分公司
重庆常青藤人文别墅 ↑01-02上

陈熠
北京东易日盛家居装饰集团股份有限公司南京分公司
宏图水上庭院 ↑03-04中

王严民（王延民）
黑龙江省佳木斯市豪思环境艺术顾问设计公司
"我的家"不拘异型 ↑05-06下

金卫华
苏州雅集室内设计有限责任公司
↑01上 传麒湾别墅样板房B户型

上海多姆设计工程有限公司
↑02-03中 三亚亚龙湾S120度假别墅

上海多姆设计工程有限公司
↑04-05下 天马晶庭LOFT

孙朋久　张红松
黑龙江境朗环境艺术设计有限公司、哈尔滨师范大学美术学院
某住宅设计方案 ↑01-02上

徐延忠
哈尔滨海佩空间艺术装饰工程有限公司
复地温莎堡家居设计 ↑03-04中

何钊
北京海天环艺装饰工程有限公司
当代新中式 ↑05-06下

李卓
哈尔滨师范大学美术学院环艺系
↑01-02上 盛和天下别墅B5户型样板间设计

桂峥嵘
上海桂睿诗建筑设计咨询有限公司
↑03中 合肥——中海滨湖样板房

张小明
大山设计
↑04-05下 星辰下的故事

陈住光
福州好日子装饰工程有限公司
源 ↑01-02上

方丽容
福州好日子装饰工程有限公司
秋鸣山居 ↑03-04中

郭美芳
福州好日子装饰工程有限公司
蔚 ↑05-06下

江香宜
福州好日子装饰工程有限公司
↑01-02上 清新·怡然

林发鑫　林其尧
福州好日子装饰工程有限公司
↑03中 怡·静

卢小龙　吴登辉
福州好日子装饰工程有限公司
↑04下 梦港

郑展鸿
鸿文空间设计机构
黑白现代时尚住宅 ↑01-02上

李宏升
御舍（国际）建筑装饰集团
江西九江映日荷花65栋样板间 ↑03-04中

杜向明
南京陆柒捌室内设计有限公司
南京尚书里样板房 ↑05-06下

北京卓然雅居装饰有限公司
↑01-02上 西安纳帕·金源项目

葛晓彪
宁波金元门设计公司
↑03中 丹青墨影

张云　张浪　张怀
北京艾迪尔YLH地产组 设计团队
↑04下 长嘉汇公寓

肖军
深圳市名雕装饰股份有限公司
品悦方圆 ↑01 上

蔡列波
汕头市伊诺装饰设计有限公司
智性的随笔 ↑02-03 中

古文敏
汕头市红境组设计机构
香域水岸之尊水岸别墅 ↑04-05 下

陆屹
汕头市目标设计装饰有限公司
↑01-02上 秋荷入幽境——自在品茗居

邱培佳
汕头市华都美术设计公司
↑03-04中 金碧辉煌，洛可可之情怀——香域春天样品房

陈惜莹
汕头市青木装饰设计工作室
↑05-06下 星城豪园办公室

许业功
汕头市许业功室内设计有限公司
汕头市悦景东方样品房 ↑01-02上

吴智锋
东莞空象设计顾问
阳光海岸二期A型样板房 ↑03-04中

肖泽健
深蓝室内设计工作室
趣园 ↑05-06下

刘卫军
深圳市品伊设计顾问有限公司
↑01-02上 曲悦·风尚居

田宁
晋城市铭佳饰家装饰有限公司
↑03-04中 晋城市凤凰城某居民住宅

陈易骏（陈骏）
广东省汕头市蓝鲸装饰设计有限公司
↑05-06下 家的思念——奢华与传统

卢洪明
吉林省艺展建筑装饰有限公司
长春市嘉惠第五园样板间设计方案 ↑01-02上

倪欢
北京今朝装饰设计有限公司
保利百合香湾家装设计 ↑03-04中

赵树功
广州美术学院建筑学院2011级环境艺术设计系
坊间文化 ↑05-06下

罗曼
上海大学美术学院
↑01上 艺术设计学生工作室

潘嘉唯　钟灵毓秀
中央美术学院上海设计学院
↑02-03中 酒店设计

连滔滔　毛春民　韩宏程　肖毅
四川音乐学院（成都美术学院）
↑04下 "时光点滴"腕表馆

姚硕
邵阳学院艺术系
"老照片的回忆"餐饮空间设计 ↑01-02上

高路苹
邵阳学院艺术系
黄土"缘"客栈装饰设计 ↑03-04中

后义鹏
邵阳学院艺术系
梦回拉萨——藏文化在客栈空间设计中的应用 ↑05-06下

张蕊　刘换娜
中国美术学院上海设计学院
↑01-02上 BRUNNER椅子家具展厅设计

姜博　徐明凯
哈尔滨师范大学美术学院
↑03-04中 异次元变阵

张晋
哈尔滨师范大学
↑05下 室内家具设计——2012年·夏

张智超
哈尔滨师范大学
斯沃琪手表小型展示 快题设计方案 ↑01上

孟献国　王海峰
哈尔滨师范大学
COMMUNITY 图书馆设计 ↑02-03中

蔡亚群　崔笑声（指导老师）　梁雯（指导老师）
清华大学美术学院
像里象外——图像信息介入城市公共空间设计研究 ↑04-05下

■ 平面图

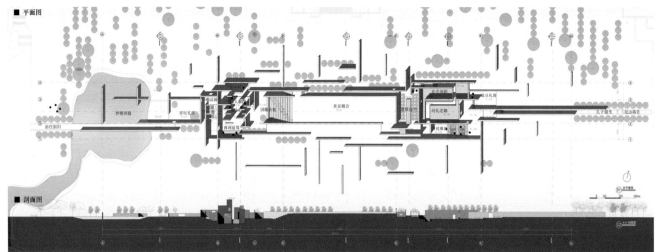

■ 剖面图

许洋　杜异（指导老师）
清华大学美术学院
↑01上 空间叙事设计研究——孔子纪念园体验空间设计

董博　崔笑声（指导老师）　梁雯（指导老师）
清华大学美术学院
↑02-03中 异位——五道口城市公共空间景观改造

甘子轩　方晓风（指导老师）
清华大学美术学院
↑04-05下 连接性城市滤体——激活绿色空间

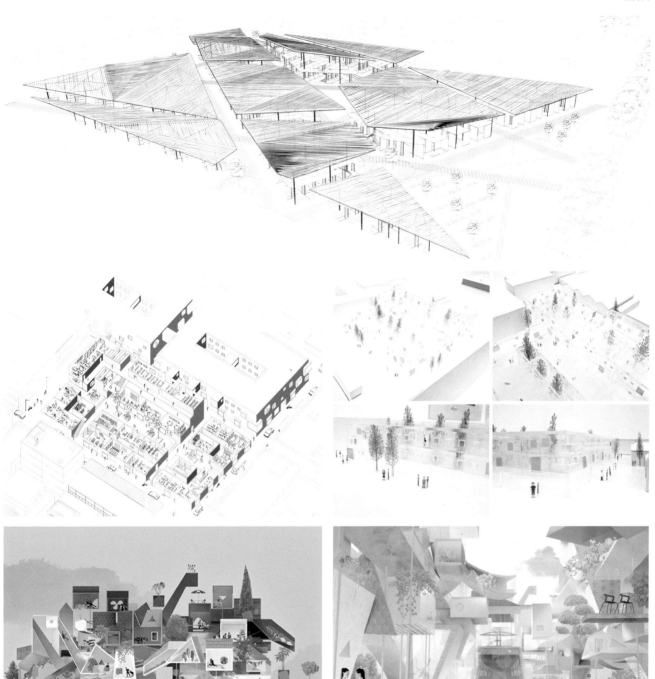

姚首君　杜异（指导老师）
清华大学美术学院
交·集——北京市海淀西苑万泉河商品市场改造设计 ↑01上

张晓黎　管沄嘉（指导老师）
清华大学美术学院
"蚁社"——Ants Block ↑02-03中

王思琪　梁雯（指导老师）
清华大学美术学院
容器基地——五道口商业空间设计研究 ↑04-05下

罗少红　张月（指导老师）
清华大学美术学院
↑01-02上　珠三角新农村社区活动中心设计——以佛山松塘村为例

赵雪　龙国跃（指导老师）
四川美术学院环境艺术设计系
↑03中　衍生·草木之间—生态茶空间设计

闫瑞娟　赵宇（指导老师）
四川美术学院环境艺术设计系
↑04-05下　绿荫下——城市下层餐饮空间设计

叶祎昕　葡聪　龙国跃（指导老师）
四川美术学院环境艺术设计系
印·巢——建筑设计事务所 ↑01-02上

路桐遥　潘召南（指导老师）
四川美术学院环境艺术设计系
"吾乡"酒店设计 ↑03-04中

黄咏涛
深圳市中航装饰设计工程有限公司
南华高尔夫球会所室内装饰工程 ↑05-06下

陈凯洋
厦门总全装饰设计工程有限公司
↑01-02上 金门湾

邝洪瓒
岭南慧馆设计机构
↑03-04中 元舍茶事空间设计

黄咏涛
深圳市中航装饰设计工程有限公司
↑05-06下 南华高尔夫球会所室内装饰工程

吕小春
武汉富宏建筑装饰有限公司
华中电网十楼会议室效果图 ↑01上

参展作品

149_301

李龙
上海豪钜室内装饰设计工程有限公司
↑01上 浙江艾妮美针织有限公司

徐神洲
上海汉憬展览工程有限公司
↑02中 抗日战争大场景

郑稼和
上海郑稼和建筑设计事务所
↑03下 安吉大年初一旅游综合题

周晶
上海凸版广告有限公司
↑04上 化妆品柜台

王琴
上海加枫建筑装饰有限公司
↑05中 松江·郭富坊工业园郭氏会所茶楼设计

哈艺多
上海加枫建筑装饰有限公司
↑06下 文定路·大地画家街画廊设计方案

董储军
上海纯德堂空间设计工程有限公司
当西方遇到东方——COSTA苏州斜塘老街店 ↑01上

苏晓义
上海市室内装潢工程有限公司
中航商用飞机发动机有限责任公司研发中心 ↑02中

苏晓义
上海市室内装潢工程有限公司
博尔塔拉城市会议中心 ↑03下

吴明生
上海铭森建筑装饰工程有限公司
上海浦东新区公共交通有限公司停车保养智能监控服务中心 ↑04上

单芸
上海乃村装饰工艺有限公司
江西乐平奥华酒店概念方案设计 ↑05中

戴洪洲
上海轻工广告有限公司
嘉定区南翔阳光家园 ↑06下

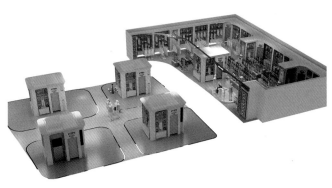

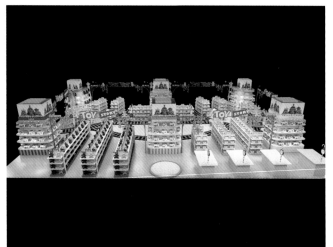

王士英
上海轻工广告有限公司
↑01上 嘉定区阳光家园
周光涛
上海匠鼎建筑装潢设计工程有限公司
↑02中 安亭飞动力保龄球馆
刘志富
上海逸彩装饰设计工程有限公司
↑03下 吉林火车站贵宾室参展图

李茹翌
上海架梁建筑工程有限公司
↑04上 伊藤洋华堂——童装区
杨杰
上海架梁建筑工程有限公司
↑05中 伊藤洋华堂——文胸区
李茹翌
上海架梁建筑工程有限公司
↑06下 伊藤洋华堂——文玩区

马拥斌
上海圣鼎建筑装潢设计有限公司
尚街定制工坊 ↑ 01 上

陈卫晨
上海三欣广告装潢有限公司
老凤祥 ↑ 02 中

黄佳
上海化工劳动安全技术实业有限公司
瑞金二路42号 ↑ 03 下

居震霄
上海居业实业有限公司
宜兴爱琴岛婚庆大酒店 ↑ 04 上

上海细部集成图形空间设计有限公司
森马企业温州展厅 ↑ 05 中

苏晓义
上海市室内装潢工程有限公司
上海拉谷谷时装有限公司综合楼 ↑ 06 下

励慰　赵佳颖
上海欣之泉建筑工程管理有限公司
↑01上　外滩8号金延会所室内装饰设计工程
汪耘
上海嘉荣建设工程有限公司
↑02中　徐家汇商城
汪耘
上海嘉荣建设工程有限公司
↑03下　崇明岛俞合度假村

汪耘
上海嘉荣建设工程有限公司
↑04上　上海嘉荣科技环保有限公司
武鹏
上海关镇铨建筑装潢设计有限公司
↑05中　经纬城市绿洲
张小忠
上海沪鑫建筑装潢工程有限公司
↑06下　星河湾别墅

董储军
上海纯德堂空间设计工程有限公司
百岁老人的百年危房——焕然新生 ↑01上

成晓斌
上海好美家装饰工程有限公司
明园涵翠苑 ↑02中

王文瑾
上海好美家装饰工程有限公司
逸景花园 ↑03下

王征宇
上海唯思室内设计有限公司
东渡国际·嘉庭公馆样板房 ↑04上

吴明生
上海铭森建筑装饰工程有限公司
扬州别墅 ↑05中

张丹逸
上海印尚建筑装饰有限公司
林绿空中花园 ↑06下

朱结合
上海青杉建筑装潢设计有限公司
↑01上 保利天鹅语平层公寓

赛音夫
上海蒙明建筑装饰设计工程有限公司
↑02中 中式四合院设计

李妍聿
上海博匠建筑装潢有限公司
↑03下 汤臣高尔夫别墅

方政文
上海博匠建筑装潢有限公司
↑04上 兰馨公寓

俞晓玲
松下盛一装饰（上海）有限公司
↑05中 房屋改造法式浪漫新格局

蒋炜　杨颖　李君
上海杰汉申若丝琳装饰有限公司
↑06下 上海市徐汇区某住宅内装修工程

唐来扣
上海至淳建筑装潢设计有限公司
游走徐家汇的古典美式 ↑01上

洪宸玮
上海朱周空间设计咨询有限公司
世茂佘山样板间 ↑02中

薛慕卿
上海同济高技术有限公司
保利叶语 ↑03下

孙兆民
上海简方装饰工程有限公司
浙江宝业大和科技住宅展示基地样板房 ↑04上

蒋晓波
上海哲文建筑装饰工程有限公司
别墅设计实例 ↑05中

吴雷
上海千德建筑装潢设计有限公司
中环一号系列设计 ↑06下

侯万强
大连杰思装饰装修工程有限公司
↑01上 熊岳疗养院
周千秋
大连卡萨装修设计有限公司
↑02中 海昌天澜销售中心
赵海东
大连四合东方室内设计有限公司
↑03下 彤康庄园红酒会所

王玉秀
大连百成易上装饰设计有限公司
↑04上 餐饮青花椒小火锅
王晓东
大连饰嘉装饰工程有限公司
↑05中 大连上达物流会所
杜刚
大连恒艺装饰装修工程有限公司
↑06下 锦州港生产调度中心办公楼

安杉杉
上海凭海临风建筑工程设计有限公司
普洱茶庄设计 ↑01上

刘锐
大连非常饰界设计装饰工程有限公司
上海拉谷谷时装有限公司综合楼 ↑02中

徐颜
南京橙果艺术设计有限公司
156号美甲沙龙 ↑03下

许建国
合肥许建国建筑室内装饰设计有限公司
大曹氏展厅设计 ↑04上

黄勇
南京稼禾建设工程有限公司
软件谷平板研发中心办公楼 ↑05中

郑展鸿
鸿文空间设计机构
尘界浮影 ↑06下

周宏

大连卡萨装修设计有限公司

↑01上 卡纳意乡联排别墅样板间

曲春光

大连上乘设计有限公司

↑02中 玖墅B户型样板间

赵艺（赵庆财）

大连赵艺室内设计工作室

↑03下 唯美中国风——住宅

靳建民

大连靳建民室内设计事务所

↑04上 凤凰水城别墅

丛珊

大连业之峰诺华装饰工程有限公司

↑05中 浪漫情怀——住宅

徐茂华

南京市室内装饰工程有限公司

↑06下 南京星空咖啡

赵志坚
南京超然艺术设计工程有限公司
德国啤酒花园餐厅南京1912店 ↑01上

王之千
南京特殊教育师范学院（筹）
《投影》摄影工作室空间设计 ↑02中

姜炜
南通苏品装饰工程有限公司
海安"东港国际"售楼处方案 ↑03下

李吟　张宏斌　张科强　姚瑶　曹玉玲　尚满满
江苏省建筑装饰设计研究院有限公司
南京市六合区中医院易地新建工程室内装饰工程 ↑04上

凌婉君　朱旻　李磊　陆志阳　王小奇
江苏省建筑装饰设计研究院有限公司
淮安市南北交流中心招商展示馆室内装饰设计 ↑05中

张科强　陈允　李子龙　王伯骞　齐宁超
江苏省建筑装饰设计研究院有限公司
溧阳人民医院室内装饰设计 ↑06下

刘斌　郭嵘
浙江亚厦装饰股份有限公司
↑01上 "韩悦坊"韩国风情商业街
唐建军　杨春雪
中国建筑装饰集团有限公司江苏分公司
↑02中 荣昌集团接待中心
徐敏　刘斌
南京艺术学院设计学院
↑03下 连云港新城演艺广场

金钰（主持）　张亮　张学凯
常州轻工职业技术学院
↑04上 登山鞋店室内空间设计
颜文明　周丽华　徐吉
常州轻工职业技术学院
↑05中 沃得胡桥会所室内设计
陈中祥
南京宏塑装饰设计工程有限公司
↑06下 山东济南原山官邸别墅样板房（悠然美利坚）

邢小方　石向军
南京深圳装饰安装工程有限公司
莫公馆 ↑01上

周越
南通苏品装饰工程有限公司
东台市"嘉和名城"样板房设计方案 ↑02中

张宏斌　渠智程
江苏省建筑装饰设计研究院有限公司
南京凤凰山庄别墅室内设计 ↑03下

张科强　渠智程
江苏省建筑装饰设计研究院有限公司
南京山河水别墅室内装饰设计 ↑04上

施晓峰（主创）　孟芳
无锡市超群建筑工程有限公司
南丰御园 ↑05中

孟芳（主创）　施晓峰
无锡市超群建筑工程有限公司
保宁嘉园 参06下

王楠
含亦设计工作室
↑01上 斯纳克牛排餐厅
王冬梅
山西风尚共和汉诺威尔装饰工程有限公司
↑02中 太原逸舒之家女装融合店
郁大牛
山西斯图加特建筑设计工程有限公司
↑03下 浙江大厦会所

任杰
太原市建筑设计研究院装饰一所
↑04上 摩天汇
王冬梅
山西风尚共和汉诺威尔装饰工程有限公司
↑05中 太原千禧学府苑某四居室私人住宅
李雪松
含亦设计工作室
↑06下 翠泽苑别墅

郁大牛
山西斯图加特建筑装饰设计工程有限公司
怡家天一城 ↑01上

马新春
山西并州吉祥满堂红装饰工程有限公司
老宅改造项目 ↑02中

裴俊杰
帝豪蓝宝庄园——山宅一生 ↑03下

无言 李建勇 刘晨晨 张豪 胡月文 陈卓 朱庚申 郭娅菲
西安美术学院
中国印象——首都机场T3航站楼室内主题文化景观设计方案 ↑04上

马越
陕西创佳建筑有限公司
华商网络公司曲江新办公区 ↑05中

安兆龙 曹世福 卢佳佳
陕西红星装饰工程有限责任公司
北京陶然亭会所方案 ↑06下

肖宗虎　贾婷敏
陕西立信建筑装饰工程有限责任公司
↑01上 汉中铁路中心医院门急诊综合楼装修工程
季鹏
西安奥度装饰设计有限公司
↑02中 陕西安康市金州美食府
季鹏
西安奥度装饰设计有限公司
↑03下 陕西西安——心阁茶楼

郑步茹　陈伏晓
西安奥德城装饰装修工程有限公司
↑04上 利源典当行
郭飞燕
西安光宇建筑装饰工程有限公司
↑05中 204所宾馆大厅装饰
刘志鹏　孙亮
陕西龙派装饰设计有限公司
↑06下 四季酒店

刘志鹏　孙亮
陕西龙派装饰设计有限公司
皇家酒店　↑01上

马江龙　徐向梅
西安德美环境设计工程有限公司
陕西神木县青少年活动中心　↑02中

杨毅　杨文革　廉继德
陕西奔腾文化产业有限公司
西安培华学院院史馆　↑03下

王彦峰　杨文戈　廉继德
陕西奔腾文化产业有限公司
杨凌职业技术学院校史馆设计　↑04上

刘洋
陕西天建华邦实业有限公司
西安茶秀会所　↑05中

许健
陕西尚品装饰设计工程有限公司
安康市邮政高端客户服务中心　↑06下

范雅俊
西安木石通装饰工程有限公司
↑01上 第十八届中国东西部合作与投资贸易洽谈会韩城展区
罗国
陕西联合装饰工程有限公司
↑02中 宁夏固原瑞丰大厦室内装饰
丁向磊　李永斌　祁志远　武童童　路苗苗
西安曲江超人文化创意有限责任公司
↑03下 陇南市武都区非物质文化遗产博物馆

丁向磊　李永斌　祁志远　黄文妍　薛宇翔　路苗苗
西安曲江超人文化创意有限责任公司
↑04上 鲁士司衙门博物馆历史文化展
李占杰　张艳
西安优典装饰设计工程有限公司
↑05中 万盛家居建材商场
袁家千　袁兴国
西安凡想装饰工程有限责任公司
↑06下 侨发私人会所

袁家千
陕西聚元科技有限公司
D&C店面设计 ↑01上

宫丽莉
陕西建工第一建设集团有限公司装饰公司
府谷县金世纪综合办公楼 ↑04上

李晓林　李胜利　马美荣　白娜　王子路
西安福泽建筑装饰工程有限公司
西安乐天大酒店 ↑02中

宫丽莉
陕西建工第一建设集团有限公司装饰公司
水利坊售楼部 ↑05中

李晓林　李胜利　马美荣　白娜　王子路
西安福泽建筑装饰工程有限公司
中共安康市委党校会议中心 ↑03下

宫丽莉
陕西建工第一建设集团有限公司装饰公司
"活"设计工作室（太白星座样板间办公创意） 参06下

谷安林　曹晶　赵晓玲
陕西南枫装饰设计工程有限公司
↑01上 紫阳民歌文化展示中心
樊军让　钟巍　张锋刚
陕西华正设计发展有限责任公司
↑02中 山东菏泽珍味道餐厅设计
高超　曹振英　张信波
榆林市金马广告装饰有限责任公司
↑03下 冯氏庄园

朱启玄
陕西优华装饰工程有限责任公司
↑04上 卢氏县游客服务中心
高霞　郑美丽
陕西新龙图装饰有限公司
↑05中 太平洋保险公司营业厅设计
齐晗
陕西盛世装饰工程有限公司
↑06下 川菜馆装饰工程

王梅
陕西盛世装饰工程有限公司
国中·轩逸兰庭会所室内装饰工程 ↑01上

王梅
陕西盛世装饰工程有限公司
泰森·星月国际营销中心装饰工程 ↑02中

高巍
西安德雅装饰工程有限公司
住宅装修 ↑03下

兰应银
陕西钰尊建筑工程有限公司
咸阳芙蓉佳苑 ↑04上

袁家千
西安凡想装饰工程有限责任公司
白朗峰复式空间设计 ↑05中

袁家千
陕西聚元科技有限公司
滨海之窗——新中式 参展下

王梅
陕西盛世装饰工程有限公司
↑01上 东岭仝女士室内装饰工程

齐晗
陕西盛世装饰工程有限公司
↑02中 王先生室内装饰工程

李慧敏　刘新华
山西天安装饰工程有限公司
↑03下 山西省孝义市某会所设计方案

王少林
伍德设计咨询服务所
↑04上 墨曦苑

闫文光
山西凯云天程装饰工程有限公司
↑05中 太原美滋每客烘焙店设计方案

张国强
大庆金马环艺装饰工程有限公司
↑06下 让区八百垧中心、湖畔小区改造

何成江
大庆市墨人装饰工程有限公司
墨人建筑装饰设计事务所 ↑01上

刘昱晓
大庆师范学院
兰德湖壹号住宅D12-2-502 ↑02中

许双福
福建国广一叶建筑装饰设计工程有限公司
福州海峡书院 ↑03下

王云凌
福建国广一叶建筑装饰设计工程有限公司
贵安·汤泉一品售楼部 ↑04上

周小红
福建国广一叶建筑装饰设计工程有限公司
洛河古城营销中心 ↑05中

庄锦星
福建国广一叶建筑装饰设计工程有限公司
宏桥凯旋名门15号 ↑06下

叶猛
福建国广一叶建筑装饰设计工程有限公司
↑01上 融侨外滩

叶猛
福建国广一叶建筑装饰设计工程有限公司
↑02中 融侨观邸

叶智华
厦门利时百顺装饰设计工程有限公司
↑03下 骨之味餐饮营运中心

杨萍
福建厦门湖里岐山路1号亿华中心西梯212室
↑04上 通透的陈设空间

余平
厦门总全装饰设计工程有限公司
↑05中 架获牌红

郑小宝
厦门百家安装饰工程有限公司
↑06下 经典怀旧

张扬
厦门诚挚设计装饰有限公司
五缘新座　↑01上

李文聪
广东星艺装饰厦门分公司
太和居　↑02中

王材达
厦门鸿采建筑装饰工程有限公司
三秀新城　↑03下

刘泗海
厦门金至尊装饰设计工程有限公司
中铁元湾黄宅　↑04上

赵旭
九鼎装饰股份有限公司厦门分公司
简意东方　↑05中

叶智华
上海市室内装潢工程有限公司
异形——SOHO户型　↑06下

徐晴华
厦门威尔思装饰工程有限公司
↑01上 长沙五一大道
杨爵
厦门喜达居装饰设计工程有限公司
↑02中 简·现代
林国忠
厦门总全装饰设计工程有限公司
↑03下 国际外滩

郑镒均
厦门总全装饰设计工程有限公司
↑04上 水纪圜
郑斯绘
青岛腾辉室内设计事务所
↑05中 三亚海昌海棠宫
郑斯绘
青岛腾辉室内设计事务所
↑06下 某银行培训中心

郑斯绘
青岛腾辉室内设计事务所
私人别墅 ↑01上

全留杰
平顶山市深蓝室内设计
许昌三锅演绎火锅店装饰工程 ↑02中

曲毅
平顶山市曲一设计工作室
盛安华城售楼部设计 ↑03下

景广恩
平顶山市蓝调设计工作室
平顶山市秦宫商务宾馆 ↑04上

秦继伟
河南基伟设计师事务所
杏花源餐厅设计方案 ↑05中

尚磊磊
北京业之峰装饰有限公司平顶山分公司
低调的奢华——欧式 ↑06下

陈起超
平顶山市蓝钻丽都装饰工层有限公司
↑01上 平顶山市九天庄园小区7号楼3单元2楼西户
胡滨
武汉靓万家精装工程有限公司
↑02中 古万泰艺术馆
陈霖
武汉新东方装饰工程有限责任公司
↑03下 运动集合店

柳霞
武汉名凿装饰工程有限公司
↑04上 湖北省潜江市华山水产有限公司
王巧燕
武汉颜艺装饰工程有限公司
↑05中 武展名车汇
吕小春
武汉富宏建筑装饰有限公司
↑06下 高院宿舍楼外观效果图

曹莹莹
武汉市松明装饰工程有限公司北京分公司
麦萌港式茶餐厅设计 ↑01上

马永新
湖北省英山县上品装饰设计工作室
美味故事茶餐厅 ↑02中

朱勇
武汉吉禾设计有限公司
《西风东渐》新东方风格居停 ↑03下

孙钊
黄冈澳华装饰工程有限公司
黄冈市长河水岸小区 ↑04上

王静
湖北博佳建筑装饰工程有限公司
藏珑 ↑05中

薛徽
湖北省易百嘉美装饰设计工程有限公司
素年锦时 ↑06下

程杰
湖北省易百嘉美装饰设计工程有限公司
↑01上 雅奢素影
张厚清
湖北省易百嘉美装饰设计工程有限公司
↑02中 墨染——光与影的交响
刘峰
邵阳市大涵装饰设计有限公司
↑03下 邵东金谷子大酒店

周明明
邵阳市大涵装饰设计有限公司
↑04上 天天K歌量贩式KTV
王华
湖南邵阳九阳设计工程有限公司
↑05中 "食客"时尚主题餐厅设计
孙觅
湖南省随意居装饰设计工程有限公司
↑06下 魔幻森林

符致学
国汇艺术设计事务所
MissU 咖啡馆 ↑01上

卿林
长沙汇智豪宅设计会所
湖湘名流艺术中心——光与影 ↑02中

卜柯进
湖南省忒弥斯装饰设计工程有限公司
湖南省忒弥斯设计事务所（设计办公场所） ↑03下

赵祎　卜柯进
湖南省忒弥斯装饰设计工程有限公司
湖南省益阳市怡和茶文会所 ↑04上

周龙飞
湖南龙创装饰设计工程有限公司
宾皇世纪KTV ↑05中

黎玉平
湖南恭和室内设计有限公司
老爹生物统一店面 ↑06下

李湘军
湖南恭和室内设计有限公司
↑01上 童恩家+早教中心

刘志亮
湖南省名匠装饰设计工程有限责任公司
↑02中 健身俱乐部

赵益平　夏凡
湖南省美迪装饰赵益平设计事务所
↑03下 从容拾翠

杨理
湖南省点石装饰设计工程有限公司
↑04上 溺在时间的流

阙祚虎
湖南点石·亚太墅装
↑05中 厚德戴物

陈志
常德居众装饰设计工程有限公司
↑06下 城头山旅游接待中心

周波
常德市金澳装饰工程有限公司
常德鼎城区人民医院装修工程 ↑01上

许笑天
常德市金澳装饰工程有限公司
常德市安乡县妇幼保健院室内装饰装修工程 ↑02中

许笑天
常德市金澳装饰工程有限公司
常德市防汛抗旱指挥中心二、三楼室内装饰装修工程 ↑03下

文武
常德市金澳装饰工程有限公司
圣地温泉保健会所 ↑04上

杨萍
湖南创鸿源室内设计有限公司
动·静——世外桃源小镇 ↑05中

熊昕
常德市新锐装饰有限责任公司
湖南建荣大楼 ↑06下

肖文胜
湖南省湘乡市粤风装饰有限公司
↑01上 湖南茅浒水乡度假村

刘文婷　徐建军
湖南省湘乡市江南装饰
↑02中 月满西楼

刘晓峰
湘潭亦境室内设计有限公司
↑03下 五和足道

朱乐文
郴州景天装饰有限公司
↑04上 郴州惠民怡家售楼部

许浪
湖南品尚建筑装饰工程有限公司
↑05中 幼儿园

许浪
湖南品尚建筑装饰工程有限公司
↑06下 众鑫湘港

许浪
湖南品尚建筑装饰工程有限公司
营销中心 ↑01上

许浪
湖南品尚建筑装饰工程有限公司
爱享风尚酒店 ↑02中

刘琪
上海市室内装潢工程有限公司
温润时光——名人国际花园单元房 ↑03下

胡平安
常德市雅居装饰工程有限公司
索园别墅 ↑04上

黄彪
湖南省娄底市焦点装饰设计工程有限公司
阳光小区200平方米错层中式风格设计 ↑05中

孙觅
湖南省随意居装饰设计工程有限公司
和·韵 ↑06下

徐猛
徐猛设计师事务所
↑01上 凝

徐猛
徐猛设计师事务所
↑02中 素笺

戴言
湖南壹品装饰设计工程有限公司
↑03下 花开花落

周龙飞
湖南龙创装饰设计工程有限公司
↑04上 佳境东湖

黎玉平
湖南恭和室内设计有限公司
↑05中 原山苑133平方米样板房

刘志亮
湖南省名匠装饰设计工程有限责任公司
↑06下 万博汇住宅

赵益平　张都
湖南省美迪装饰赵益平设计事务所
按蓝 ↑01上

赵益平　彭恋
湖南省美迪装饰赵益平设计事务所
乐驻——湖南省郴州市湘域花园样板房 ↑02中

赵益平　熊浩
湖南省美迪装饰赵益平设计事务所
惑·与——湖南省郴州市湘域花园样板房 ↑03下

邓梁
湖南美迪建筑装饰设计工程有限公司
得其所哉 ↑04上

杨辉向
湖南省点石装饰设计工程有限公司
一屋一世界 ↑05中

余良
湖南省点石装饰设计工程有限公司
光浴 ↑06下

周俊
湖南省点石装饰设计工程有限公司
↑01上 斐波那契螺旋

李桂章
湖南省点石装饰设计工程有限公司
↑02中 欧泊港湾样板房

赵军
湖南省点石装饰设计工程有限公司
↑03下 白弧

高杨广
湖南省点石装饰设计工程有限公司
↑04上 仓住——仓库改造

张雅竹
湖南省点石装饰设计工程有限公司
↑05中 断舍离

蔡彦
湖南点石·亚太墅装
↑06下 水云间别墅

刘志
常德居众装饰设计工程有限公司
居民住宅室内设计 ↑01上

王玲
常德居众装饰设计工程有限公司
居民住宅室内设计 ↑02中

杜跃国
常德居众装饰设计工程有限公司
乡村自建别墅 ↑03下

蒲东亮
常德居众装饰设计工程有限公司
常德公园世家 ↑04上

李沁儒
常德居众装饰设计工程有限公司
居民住宅室内设计 ↑05中

贵钰涵
湖南常德雅室装饰有限责任公司
常德市三一翡翠湾 ↑06下

陈仕勇
常德市嘉禾装饰工程有限责任公司
↑01上 常德市畅安小区3栋405住宅

陈仕勇
常德市嘉禾装饰工程有限责任公司
↑02中 常德市泓鑫桃林中式3栋405住宅

彭飞
常德市嘉禾装饰工程有限责任公司
↑03下 常德市公园世家10栋503住宅

邱缤
常德市嘉禾装饰工程有限责任公司
↑04上 常德市德景园3栋405住宅

阮航
常德市嘉禾装饰工程有限责任公司
↑05中 常德市畅安小区3栋405住宅

周波
常德市金澳装饰工程有限公司
↑06下 金色世纪小区吴先生家居设计

刘炳岑
湖南创鸿源室内设计有限公司
立体印象 ↑01上

印良方
湖南创鸿源室内设计有限公司
怡景御园 ↑02中

熊浩球
常德市新锐装饰有限责任公司
武陵天济 ↑03下

蒋欢
常德市宏胜装饰有限公司
金城苑小区 ↑04上

施维
常德市宏胜装饰有限公司
蓝湖郡小区 ↑05中

施维
常德市宏胜装饰有限公司
三一·翡翠湾小区 ↑06下

夏美玲
常德市宏胜装饰有限公司
↑01上 金城苑小区

张英
常德市宏胜装饰有限公司
↑02中 捌海公馆小区

付琪
湖南恒宇装饰设计工程有限公司
↑03下 简中式居

付琪
湖南恒宇装饰设计工程有限公司
↑04上 欧式田园

葛艺峰
湖南恒宇装饰设计工程有限公司
↑05中 陌上花开

葛艺峰
湖南恒宇装饰设计工程有限公司
↑06下 浓妆淡抹总相宜

刘志彬
湖南恒宇装饰设计工程有限公司
乡村别恋 ↑01上

毛轲
郴州景天装饰有限公司
璀璨——新意 ↑04上

庞军涛
湖南恒宇装饰设计工程有限公司
汇贤雅居 ↑02中

陈杰
郴州景天装饰有限公司
蓝韵 ↑05中

聂林海
郴州美迪装饰设计工程有限公司
华宁春城楼王 ↑03下

王铁保
郴州景天装饰有限公司
碰撞 ↑06下

许浪
湖南品尚建筑装饰工程有限公司
↑01上 舍梦

许浪
湖南品尚建筑装饰工程有限公司
↑02中 一宅一生

许浪
湖南品尚建筑装饰工程有限公司
↑03下 宅梦

谭金良
湖南自在天装饰湘潭分公司
↑04上 韶光自在的传世之美

谭金良
湖南自在天装饰湘潭分公司
↑05中 云水禅心·悦见悠然

朱小明　陈蕾　黄晓涛　朱怡休　郑艳
深圳市文业装饰设计工程有限公司湖南分公司
↑06下 奥星体育会所

王坤辉
衡阳市金煌建筑装饰有限公司
KTV ↑01上

杨喜生　晁军　邬鹏
南华大学设计与艺术学院
"枫之语"售楼中心方案设计 ↑04上

黎舜　杜成
衡阳易百装饰设计工程有限公司
湖南某法院装饰设计方案 ↑02中

伍招生　齐光春　张亮　杨喜生　秦庆林
恩慈设计机构
湄潭寻梦山居酒店 ↑05中

滕娇　梁晓怡　葛毅晴
南华大学设计与艺术学院
"自然之源"品牌专卖店设计 ↑03下

伍招生　齐光春　张亮　杨喜生　秦庆林
恩慈设计机构
湄潭寻梦山居私人会所 ↑06下

廖毅君　刘玉成
衡阳市装饰协会
↑01上 移动4G·经典范例，中国移动——衡阳市解放路旗舰店设计
陆建军
衡东县东视广告装饰有限公司
↑02中 天成网咖
曹平山
衡阳市优胜佳装饰设计工程有限公司
↑03下 湖南衡阳 三华建筑

许正旺
湖南百盛装饰设计工程有限责任公司
↑04上 鑫汇源酒楼设计
王新春
衡阳市友之邦装饰设计工程有限公司
↑05中 衡阳市社会（儿童）福利院
汤健
衡阳市泓邦装饰设计工程有限公司
↑06下 云大中央名城营销中心

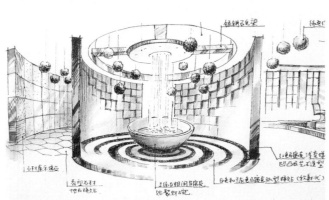

周翩宇
衡阳市新思域装饰设计有限公司
幸福双层巴士 来客哒餐厅 ↑01上

欧阳祝年
湖南省衡阳市鸿泰美术装饰有限公司
银川市亘元房地产材料工坊 ↑02中

黄波
衡阳市墨兮设计驿站黄波工作室
华美交响曲 ↑03下

黄波
衡阳市墨兮设计驿站黄波工作室
幸福假日 ↑04上

李冰
衡阳市墨兮设计工作室
黑白人生——生态丽景四房 ↑05中

张必竞 常高宁 颜娜 许珂 李怡玲 刘超
湖南省三维雅筑装饰工程有限责任公司衡阳分公司
孔雀东蓝飞 ↑06下

张必竞　常高宁　颜卿　许珂　李怡玲　刘超
湖南省三维雅筑装饰工程有限责任公司衡阳分公司
↑01上 纳尼亚的彩虹
刘玉成　廖毅君
衡阳市装饰协会
↑02中 中国梦·乡村情——乡村别墅设计
彭雪梅
湖南自在天装饰衡阳分公司
↑03下 家居实例

陈丹
湖南自在天装饰衡阳分公司
↑04上 湘水明珠
曹平山
衡阳市优胜佳装饰设计工程有限公司
↑05中 湖南衡阳曹宅
曹平山
衡阳市优胜佳装饰设计工程有限公司
↑06下 湖南衡阳何宅

贺利辉
湖南百盛装饰设计工程有限责任公司
别墅设计 ↑01上

汤乐知　何佳龙　丁程　肖婷
衡阳市木源装饰设计有限公司
广电花园谢宅——情迷地中海 ↑02中

汤乐知　何佳龙　丁程　肖婷
衡阳市木源装饰设计有限公司
湘粤名城后现代风格样板房——罗马假日 ↑03下

汤乐知　何佳龙　丁程　肖婷
衡阳市木源装饰设计有限公司
湘粤名城田园风格样板房——田园交响曲 ↑04上

李清春
衡阳市云天七间宅装饰设计工程有限公司
衡阳棕榈园洋房 ↑05中

李清春
衡阳市云天七间宅装饰设计工程有限公司
衡阳中泰峰境洋房 ↑06下

伍洋
衡阳创景装饰有限公司
↑01上 雅士林湘苑——中式风格
梅晓阳　汪生东　张文军　王桂珍
宁夏轻工业设计研究院
↑02中 宁夏银川宁东基地综合服务区企业总部室内装饰工程设计
郑涛
宁夏大学美术学院艺术设计系
↑03下 CBD国际招标公司室内设计方案

郑涛
宁夏大学美术学院艺术设计系
↑04上 三远堂会所室内设计方案
谯代彪
宁夏中谯室内建筑装饰设计有限公司
↑05中 宁夏金府码头火锅
王槐
贵州城市人家装饰工程有限公司
↑06下 羊城休闲会所

吴松
贵州城市人家装饰工程有限公司
贵州黔东南民族酒店 ↑01上

张苇
贵州城市人家装饰工程有限公司
贵阳市云岩区《兰溪谷售楼中心》设计方案 ↑02中

万鲁胜
贵州城市人家装饰工程有限公司
七里香溪班芙小镇游女士雅居 ↑03下

韦凤标
贵州城市人家装饰工程有限公司
袁府设计方案 ↑04上

张健诚
贵州城市人家装饰工程有限公司
周府家装设计方案 ↑05中

陈莉莉
贵阳中策装饰有限公司
小石城样板房——欧风 ↑06下

陈莉莉
贵阳中策装饰有限公司
↑01上 东方韵——中国式情怀
胡雁飞
贵阳中策装饰有限公司
↑02中 小空间 蕴含大智慧
黄丹
贵阳中策装饰有限公司
↑03下 帘动弋出

兰凯
贵阳中策装饰有限公司
↑04上 撷一抹绿 享一室情
刘娟
贵阳中策装饰有限公司
↑05中 闲舒
刘扬珍
贵阳中策装饰有限公司
↑06下 小石城样板房——采光通风，发挥极致

俞仲湖
贵阳中策装饰有限公司
南窗雅舍　↑01上

张洵
贵阳中策装饰有限公司
都市黑白篇　↑02中

赵龙
贵阳中策装饰有限公司
简欧地中海　↑03下

朱涛
贵阳中策装饰有限公司
低调奢华·品味高格　↑04上

朱涛
贵阳中策装饰有限公司
新中式风格——镜面光影　↑05中

邓长华
成都川豪装饰贵阳分公司
贵阳市乌江怡苑　↑06下

段平东
成都川豪装饰贵阳分公司
↑01上 中铁逸都(创意)
刘亮
成都川豪装饰贵阳分公司
↑02中 远大栖景湾
聂锐
成都川豪装饰贵阳分公司
↑03下 金龙国际

王经纬
成都川豪装饰贵阳分公司
↑04上 万科玲珑湾
袁攀
成都川豪装饰贵阳分公司
↑05中 中天世纪新城
董琳
贵州云上装饰工程有限责任公司
↑06下 家装

高凤
贵州云上装饰工程有限责任公司
家装 ↑01上

胡晓红
贵州云上装饰工程有限责任公司
家装 ↑02中

孔祥凤
贵州云上装饰工程有限责任公司
家装 ↑03下

李林
贵州云上装饰工程有限责任公司
家装 ↑04上

徐庆学
贵州云上装饰工程有限责任公司
家装 ↑05中

严慈
贵州云上装饰工程有限责任公司
家装 ↑06下

袁盛熙
贵州云上装饰工程有限责任公司
↑01上 家装

李方杰
生活家(北京)家居装饰有限公司贵阳分公司
↑02中 田园·东南亚·简欧风格

孙晨威
生活家(北京)家居装饰有限公司贵阳分公司
↑03下 北京路一号

王克斌
生活家(北京)家居装饰有限公司贵阳分公司
↑04上 欧式风情复式楼

张议方
生活家(北京)家居装饰有限公司贵阳分公司
↑05中 新古典主义

刘志文
贵阳超市装饰设计有限公司
↑06下 长沙白沙湾小区

徐锋
贵州臻品建筑装饰工程有限公司
国际城现代中式风 ↑01上

冯志文
海南紫禁殿设计顾问有限公司
椰岛小城营销中心 ↑02中

杨宜卓
海南紫禁殿设计顾问有限公司
海口市M2 CLUB ↑03下

方海建
海南金厦建设股份有限公司金厦建筑装饰设计研究院
东方市人民法院审判大楼 ↑04上

李阳
海南艺廊装饰设计工程有限公司
海口德贵轩海景大酒楼 ↑05中

谭武伟
海南欧艺设计顾问有限公司
海南庆业天湖半岛会所 ↑06下

许洪
海南原语设计咨询有限公司
↑01上 海南澄迈金江金外滩景观设计
刘大龙
三亚汉界景观规划设计有限公司
↑02中 海口市演丰风情小镇社区咖啡馆
赵勇
三亚汉界景观规划设计有限公司
↑03下 海口市演丰风情小镇社区图书馆1

刘松云
三亚汉界景观规划设计有限公司
↑04上 海口市演丰风情小镇社区图书馆2
林国龙
↑05中 海南中城建观澜湖私家会所
杨来铺　郑亚武　林强
海南泰阳装饰设计工程有限公司
↑06下 三亚黄金度假酒店

刘扬庄
海南森庄设计顾问有限公司
澄迈甘肃家园悦海湾售楼中心办 ↑01上

肖姗姗　谭晓东
海南经贸职业技术学院、海南大学、海南岛派设计工程顾问有限公司
海岸·塞拉维营销中心会所 ↑04上

张浩华
海南大精盛装饰工程有限公司
海口海悦国际ZHH办公室 ↑02中

黄澍
海口聚艺堂设计咨询有限公司
海南文昌海天花园酒店（二期） ↑05中

张浩华
海南大精盛装饰工程有限公司
塞纳维红酒餐厅 ↑03下

梅婧
海南西城组室内设计工程有限公司
舜乡谣艺术廊 ↑06下

邹春辉
香港邹春辉（国际）设计事务所有限公司
↑01上 三亚开元酒店

毛征宁
海南雅高装饰设计工程有限公司
↑02中 海南波溪丽亚湾度假酒店（五星级）

林山
海南三川装饰设计工程有限公司
↑03下 海南核电厂厂前区三标段

富元
三亚富元装饰设计工程有限公司
↑04上 海南陵水海韵国投

富元
三亚富元装饰设计工程有限公司
↑05中 三亚"山海韵·龙栖湾"

富元
三亚富元装饰设计工程有限公司
↑06下 沈阳辽商总部大厦及贵州港龙国际酒店

富元
三亚富元装饰设计工程有限公司
安徽合肥紫郡别墅规划 ↑01上

梁平平
北京方圆水木旅游景观规划设计院海南分院
三亚富斯·福水湾项目景观设计 ↑02中

袁鹏鹏
嘉尚装饰设计工程有限公司（袁鹏鹏香港设计师事务所）
抱扑堂艺术会馆 ↑03下

李念
广西玉林靓家装装饰工程有限公司
广西玉林滨江公馆个人住宅现代中式设计 ↑04上

黄健　侍相福
苏州金螳螂建筑装饰股份有限公司
长城建国大饭店 ↑05中

黄健
苏州金螳螂建筑装饰股份有限公司
东吴国际广场酒店式公寓52F ↑06下

黄健　侍相福
苏州金螳螂建筑装饰股份有限公司
↑01上 美景华庭综合体酒店部分
黄健
苏州金螳螂建筑装饰股份有限公司
↑02中 南洋国际公馆
黄健　谢亮
苏州金螳螂建筑装饰股份有限公司
↑03下 阜阳市烟草物流配送中心

顾敬
苏州金螳螂建筑装饰股份有限公司
↑04上 阳江恒大世纪旅游城风情酒店（奥地利风情）
李刚
苏州金螳螂建筑装饰股份有限公司
↑05中 南京人民大会堂配套用房扩建项目
李刚　朱青松
苏州金螳螂建筑装饰股份有限公司
↑06下 上海宝钢老年大学

李刚
苏州金螳螂建筑装饰股份有限公司
无锡市风电科技产业园 ↑01上

童超
苏州金螳螂建筑装饰股份有限公司
上海锐奇工具办公楼 ↑02中

童超
苏州金螳螂建筑装饰股份有限公司
温州奥嘉铂尔曼大酒店 ↑03下

童超
苏州金螳螂建筑装饰股份有限公司
苏州园区公积金管理中心 ↑04上

梁爱勇
苏州金螳螂建筑装饰股份有限公司
江苏永钢集团12号楼议事厅 ↑05中

梁爱勇
苏州金螳螂建筑装饰股份有限公司
江苏永联小镇度假酒店 ↑06下

梁爱勇
苏州金螳螂建筑装饰股份有限公司
↑01上 苏州商学院

郭旭峰
苏州金螳螂建筑装饰股份有限公司
↑02中 三亚龙沐湾餐饮会所

刘建华
苏州建筑装饰设计研究院有限公司
↑03下 南通报业新闻传媒中心

刘建华
苏州建筑装饰设计研究院有限公司
↑04上 上海松江广富林藏书阁

刘建华
苏州建筑装饰设计研究院有限公司
↑05中 苏州老年公寓（颐养家园）

丁丁
苏州金螳螂建筑装饰股份有限公司
↑06下 太仓国信大厦办公楼

伏涛
苏州金螳螂建筑装饰股份有限公司
苏州环球188私人会所 ↑01上

刘建树　周奕君
苏州金螳螂建筑装饰股份有限公司
河北(建投）固安国际会议会展中心 ↑02中

周琦
苏州金螳螂建筑装饰股份有限公司
张家港中油泰富国际酒店 ↑03下

周琦
苏州金螳螂建筑装饰股份有限公司
泰州天德湖宾馆 ↑04上

周琦
苏州金螳螂建筑装饰股份有限公司
云南邦腊掌度假酒店 ↑05中

李蒙
苏州金螳螂建筑装饰股份有限公司
上海东郊中心售楼 ↑06下

严晓燕
苏州金螳螂建筑装饰股份有限公司
↑01上 成都大魔方演艺中心

刘长东
苏州金螳螂建筑装饰股份有限公司
↑02中 书法家别墅

刘长东
苏州金螳螂建筑装饰股份有限公司
↑03下 吴江商务大厦

刘长东
苏州金螳螂建筑装饰股份有限公司
↑04上 无锡雅狮精品酒店

王峥
苏州金螳螂建筑装饰股份有限公司
↑05中 大同博物馆

王峥
苏州金螳螂建筑装饰股份有限公司
↑06下 无锡洛龙湾售楼处

许建均
苏州金螳螂建筑装饰股份有限公司
贵阳渔安新城销售中心 ↑01上

惠炜
苏州金螳螂建筑装饰股份有限公司
安吉美颂城市广场销售中心 ↑02中

王方元
苏州金螳螂建筑装饰股份有限公司
商丘信华国际酒店 ↑03下

陆军
苏州金螳螂建筑装饰股份有限公司
宿迁酒品鉴中心 ↑04上

奚军
苏州建筑装饰设计研究院有限公司
西藏林芝南迦巴瓦酒店 ↑05中

舒剑平
苏州金螳螂建筑装饰股份有限公司
中国石油昆明大厦 ↑06下

段秀丽　　段晖
苏州金螳螂建筑装饰股份有限公司
↑ 01 上　大连碧龙潭温泉小镇酒店工程
段秀丽
苏州金螳螂建筑装饰股份有限公司
↑ 02 中　威海市威高阁会所内装工程
徐望
苏州金螳螂建筑装饰股份有限公司
↑ 03 下　远洋集团大连红星海别墅样板房

骆宾
苏州金螳螂建筑装饰股份有限公司
↑ 04 上　宝胜会所
陈一红
苏州金螳螂建筑装饰股份有限公司
↑ 05 中　长春·五洲国际广场
唐勇
苏州金螳螂建筑装饰股份有限公司
↑ 06 下　国家开发银行安徽分行

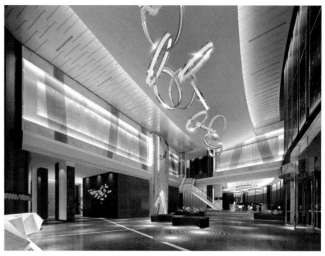

穆恩典
苏州金螳螂建筑装饰股份有限公司
西安中和·财富广场五星级酒店 ↑01上

穆恩典
苏州金螳螂建筑装饰股份有限公司
博鳌亚洲论坛永久会址二期工程室内装修设计 ↑02中

史懿
苏州金螳螂建筑装饰股份有限公司
宇邦光伏办公楼 ↑03下

史懿
苏州金螳螂建筑装饰股份有限公司
山东翔宇豪生大酒店 ↑04上

史懿
苏州金螳螂建筑装饰股份有限公司
远州精品酒店 ↑05中

戚海军
苏州金螳螂建筑装饰股份有限公司
重庆巴月莊销售中心室内装饰设计 ↑06下

张海涛
苏州金螳螂建筑装饰股份有限公司
↑01上 正商学府广场5A写字楼

梁墥 季林
苏州金螳螂建筑装饰股份有限公司
↑02中 瑞丽景成地海温泉度假中心

梁墥 王郭彬
苏州金螳螂建筑装饰股份有限公司
↑03下 昆明银海尚御商场

陈晓慧
苏州金螳螂建筑装饰股份有限公司
↑04上 龙斗海岸城售楼处设计

董永峻
苏州金螳螂建筑装饰股份有限公司
↑05中 安徽蓝鼎1号办公楼

董永峻
苏州金螳螂建筑装饰股份有限公司
↑06下 安徽国购办公楼6号楼

董永峻
苏州金螳螂建筑装饰股份有限公司
中国佛文化博物馆 ↑01上

朱志霞
苏州金螳螂建筑装饰股份有限公司
蚌埠三馆 ↑02中

韩涛
苏州金螳螂建筑装饰股份有限公司
大别山玉博园博物馆 ↑03下

洪登平
苏州金螳螂建筑装饰股份有限公司
盐城银宝商务宾馆 ↑04上

洪登平
苏州金螳螂建筑装饰股份有限公司
周庄铂尔曼酒店 ↑05中

包岳良
苏州金螳螂建筑装饰股份有限公司
西安高新9号 ↑06下

王昕
苏州金螳螂建筑装饰股份有限公司
↑01上 南京荣盛时代广场
王昕
苏州金螳螂建筑装饰股份有限公司
↑02中 青岛东方影都万达茂室内步行街
朱春林
苏州金螳螂建筑装饰股份有限公司
↑03下 郑州 基正金悦府售楼处

朱春林
苏州金螳螂建筑装饰股份有限公司
↑04上 盐城新滩餐饮楼
李可
苏州金螳螂建筑装饰股份有限公司
↑05中 南航萧山机场T3 VIP休息室
李可
苏州金螳螂建筑装饰股份有限公司
↑06下 宁波金地样板会所

丁丁
住宅设计一所
苏州湖滨四季 ↑01上

伏涛
住宅设计一所
扬州"瘦西湖 唐郡"澜湾D4户型 ↑02中

韩雪华
北京轻舟世纪建筑装饰工程有限公司
棕榈泉小区 ↑03下

李林川
北京轻舟世纪建筑装饰工程有限公司
北苑家园 ↑04上

申士亮
北京轻舟世纪建筑装饰工程有限公司
棕榈泉小区 ↑05中

郭林
北京轻舟世纪建筑装饰工程有限公司
棕榈泉小区 ↑06下

崔娜
北京轻舟世纪建筑装饰工程有限公司
↑01上 棕榈泉小区
梅轩
北京轻舟世纪建筑装饰工程有限公司
↑02中 天通西苑三区
陈国强
北京轻舟世纪建筑装饰工程有限公司
↑03下 新景家园

管峰
北京轻舟世纪建筑装饰工程有限公司
↑04上 珠江帝景
李宏亮
北京轻舟世纪建筑装饰工程有限公司
↑05中 新景家园小区
马萍
北京轻舟世纪建筑装饰工程有限公司
↑06下 望京新城小区

马萍
北京轻舟世纪建筑装饰工程有限公司
望京新城小区　↑01上

陈诗洋
北京轻舟世纪建筑装饰工程有限公司
新景家园　↑02中

王振彬
北京轻舟世纪建筑装饰工程有限公司
望京新城　↑03下

梅轩
北京轻舟世纪建筑装饰工程有限公司
天通苑三区　↑04上

张阳
北京轻舟世纪建筑装饰工程有限公司
天通苑三区　↑05中

罗衫
北京轻舟世纪建筑装饰工程有限公司
望京新城　↑06下

常真真
北京轻舟世纪建筑装饰工程有限公司
↑01上 新景家园

孙海静
北京轻舟世纪建筑装饰工程有限公司
↑02中 望京新城

吴彦华
北京轻舟世纪建筑装饰工程有限公司
↑03下 新景家园

周江
北京轻舟世纪建筑装饰工程有限公司
↑04上 天通苑三区

印川
北京轻舟世纪建筑装饰工程有限公司
↑05中 望京新城小区

王俊沣
北京轻舟世纪建筑装饰工程有限公司
↑06下 珠江帝景小区

刘宏
北京轻舟世纪建筑装饰工程有限公司
望京新城 ↑01上

丁容成
北京轻舟世纪建筑装饰工程有限公司
望京新城 ↑02中

文国权
显思创作有限公司【显思创作】
The Golden Peacock ↑03下

曾智源
Novus Penetralis Limited
What Cheer Studio（画室） ↑04上

梁锦标
梁锦标设计有限公司
乐美实业有限公司 ↑05中

刘志海
现·在设计有限公司
商业空间 ↑06下

刘志海
现·在设计有限公司
↑01上 公共空间——教育中心
黄远生
远生设计事务所有限公司
↑02中 中国沈阳K11体验中心
黄远生
远生设计事务所有限公司
↑03下 西安皇子扒房

Diesly Tsang
四目建筑事务所
↑04上 Café Deco Restaurant峰景美式餐厅
梁超贤
梁超贤设计师有限公司
↑05中 石板街 Pottinger
梁锦标
梁锦标设计有限公司
↑06下 Crossover

刘志海
现·在设计有限公司
住宅空间 ↑01上

黄远生
远生设计事务所有限公司
沈阳新世界花园二期B区L-B别墅样板房设计 ↑02中

黄远生
远生设计事务所有限公司
沈阳新世界花园二期B区高层A3户型样板房设计 ↑03下

吕元祥建筑师事务所
天曜样板间（一），中国成都 ↑04上

吕元祥建筑师事务所
天曜样板间（二），中国成都 ↑05中

何永明
广州道胜装饰设计有限公司
心动城市——保利三山西雅图售楼中心 ↑06下

5+2设计
柏舍励创专属机构
↑01上 时代云图售楼部
刘晖
广州市三禾装饰设计有限公司
↑02中 青岛三利集团华南营销管理中心
池晓鸣　宋雯
温州市云艺建筑装饰设计院
↑03下 温州市江南春色海港大酒店有限公司

郭淙淙　管立晓　刘木子　程秀玲
温州市云艺建筑装饰设计院
↑04上 温州市教师教育院洞头分院
张赟伟
潮州市朝代设计工程事务所
↑05中 "海博·半岛"明珠会所
杨舒豪　梁静华
广州佳美装饰工程有限公司
↑06下 上品一家无国界料理

杨舒豪　梁静华
广州佳美装饰工程有限公司
韶山·九龙新城销售中心　↑01上

兰敏华
深圳市本果建筑装饰设计有限公司
墨步观心　↑02中

王小锋
尚诺柏纳·空间策划联合事务所
江苏省淮安市金奥国际中心　↑03下

陈和荣　陈元哲　李建衡　潘忠乐
温州云艺建筑装饰设计院
温州华夏银行办公楼　↑04上

冯文成　张彦兰　李俊杰　楼冰凝　龚家骥
广东省建筑设计研究院
广州珠江新城地下空间室内设计——花城汇　↑05中

冯文成　张彦兰　龚家骥　孙铭
广东省建筑设计研究院
陕西华山御温泉度假村　↑06下

冯文成　张彦兰　韦洪杉　楼冰凝　许名涛　庄奋起　谢渤
广东省建筑设计研究院
↑01上 中国南方航空大厦
冯文成　古旋全　张彦兰　楼冰凝　黄国鹏　孙铭
广东省建筑设计研究院
↑02中 广州新电视塔精装修设计
冯文成　古旋全　张彦兰　楼冰凝　黄国鹏　孙铭
广东省建筑设计研究院
↑03下 从化良口镇城市环境改造项目

冯文成　张彦兰　韦洪杉　庄奋起
广东省建筑设计研究院
↑04上 广州岭南湾畔住宅小区会所设计
黄治奇
深圳市零柒伍伍装饰设计有限公司
↑05中 重庆永川环球五号娱乐会所
龙志雄
广州品龙装饰设计有限公司
↑06下 顺德喜悦量贩式KTV

翁如伟
梅州市纯然景观设计有限公司
纯然文化创意园总部设计方案 ↑01上

张俊竹
顺德职业技术学院设计学院
广东省工业设计博物馆 ↑02中

戴虎强
广东建艺国际设计院/M&M名美装饰设计工程有限公司
中国南方电网 ↑03下

张俊竹
顺德职业技术学院设计学院
穿梭城市的展厅 ↑04上

余文豪
汕头市正度工程设计有限公司
东方美家 ↑05中

本则创意
柏舍励创专属机构
玖如堂C2样板房 ↑06下

广州林慧峰装饰设计有限公司
↑01上 番禺海印又一城酒店项目套间创意样板房

广州林慧峰装饰设计有限公司
↑02中 肇庆海印大旺又一城B5别墅样板房

刘特鹏
揭阳市艺谋装饰设计有限公司
↑03下 江南新城4期豪宅

郑成标　郑宋玲
香港郑成标建筑装饰设计事务所/广州郑氏装饰设计有限公司
↑04上 凯德置地·广州利联新城创意别墅板房

赵宇明
广东省汕头市名景装饰设计有限公司
↑05中 恬适·沉浸自然

喻晓洁
广州班艺装饰设计工程有限公司
↑06下 谢公馆

叶颢坚　范世誉
广州市中海怡高装饰工程有限公司
江门嘉峰汇B2样板房 ↑01上

陈蓉
汕头市绿园设计有限公司
汇龙湾4幢02套型 ↑02中

杨舒豪
广州佳美装饰工程有限公司
花都美林湖别墅 ↑03下

章慧珍　丁微
潮州市正格设计
万物——润物细无声 ↑04上

叶戈
广州和信智美装饰设计有限公司
重庆鉴山国际项目一期79栋别墅 ↑05中

邓丽司　陈嘉君
广州市卡络思琪装饰设计有限公司
保利公园九里 ↑06下

汪大锋
广州市华浔品味装饰设计工程有限公司
↑01上 跨界
黄育波
广州市华浔品味装饰设计工程有限公司
↑02中 传统意境的时尚宣言
黄育波
广州市华浔品味装饰设计工程有限公司
↑03下 现代极简主义住宅

林伟文　陶美婷　陈伟虹　王展翼
广东省美术设计装修工程有限公司林建飞工作室
↑04上 北极之旅
李毅伟
上海华凯展览展示工程有限公司
↑05中 呼伦贝尔城市规划展览馆
曹波
上海华凯展览展示工程有限公司
↑06下 阜阳市规划馆

黄咏涛
深圳市中航装饰设计工程有限公司
哈尔滨电气集团江北科研基地项目室内装饰工程 ↑01上

岳鸿刚
深圳市中航装饰集团
青海西宁盛源国际大酒店 ↑02中

刘冰
深圳远鹏装饰集团有限公司
远大张家界蓝色港湾酒店 ↑03下

刘冰
深圳远鹏装饰集团有限公司
海南佳宁娜会所 ↑04上

易强
深圳远鹏装饰集团有限公司
桃江华美达酒店 ↑05中

肖功渝
北京天文弘建筑装饰集团有限公司
同湾康年度假酒店 ↑06下

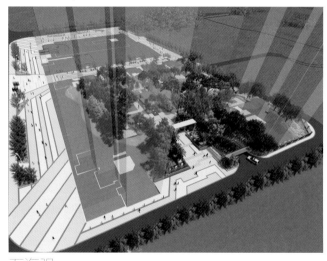

石海强
广州市石头设计有限公司
↑01上 佛山东方广场

周文胜
广州市榀格室内设计顾问有限公司
↑02中 泉州馥缘荟SPA会所

严健
广州严健园林景观设计有限公司
↑03下 惠州金碧广场园林景观设计

梁俊麒
广州鎏域麒艺术设计有限公司
↑04上 香港芽庄——越式料理

周文胜
广州市榀格室内设计顾问有限公司
↑05中 招商地产依云天汇项目4号楼样板间

韩居峰　张媛　崔世国　邹肖强
北京侨信装饰工程设计院有限公司
↑06下 中国儒学馆

许刚
自由思考有限公司
栖涧里创想酒店 ↑01上

李文
吉林省艺高空间艺术工程有限责任公司
35mm片场烧烤餐厅 ↑02中

徐婕媛
广州集美组室内设计工程有限公司
珠海长隆马戏酒店 ↑03下

曹兵
南通四方建筑装潢工程设计有限公司
南通安赛乐接待会所室内装饰工程 ↑04上

李鹏
厦门诺亚品牌管理有限公司
奥康体验馆 ↑05中

李鹏
厦门诺亚品牌管理有限公司
奥康鞋履文化馆 ↑06下

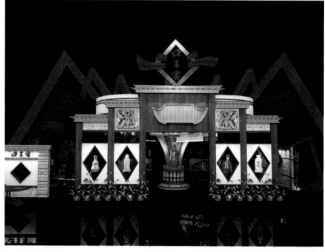

李鹏
厦门诺亚品牌管理有限公司
↑01上 2014中国国际服饰服装博览会——杉杉男装展馆
曾麒麟
北京筑邦建筑装饰工程有限公司成都分公司
↑02中 鑫信合国际金融城
张建
满洲里市品格建筑装饰设计工程有限责任公司
↑03下 满洲里盛世东方火锅餐饮

蒋华永
↑04上 山东烟台市麒麟美业室内装饰设计
吴小路
柒合（北京）建筑设计有限公司
↑05中 奥林森林公园会所
江波　宁玥
广西艺术学院建筑艺术学院
↑06下 "金曲丹醇"商业展示创意设计

赵智峰
苏州柒格环境设计有限公司
高尔夫会所 ↑01上

林伶
苏州基业景观营造装饰工程有限公司
茶艺会所 ↑02中

易彬
上丞建筑&设计事务所（广州上丞建筑设计顾问有限公司）
重庆雅林观止餐饮会所室内设计 ↑03下

易彬
上丞建筑&设计事务所（广州上丞建筑设计顾问有限公司）
佛山GIFC国际金融中心公共空间与商业内街室内方案设计 ↑04上

叶川
成都禾木美呈空间艺术设计有限公司
武汉广场圣诞节美陈设计主题《品香》 ↑05中

谭巍
陕西品景行装饰工程有限公司
太白庄园茶餐厅 ↑06下

谭巍
陕西品景行装饰工程有限公司
↑01上 恒大城私房餐厅
石荣洲
北京三鸣博雅装饰有限责任公司
↑02中 北京三里河徽商故里酒店室内设计
唐锦同
珠海捌五装饰设计工程有限公司
↑03下 湖南张家界月亮湾销售中心

上海多姆设计工程有限公司
↑04上 凤翔苑售楼中心
白岚
北京清尚建筑装饰工程有限公司
↑05中 华夏银行股份有限公司海南分行
程哲
北京清尚建筑装饰工程有限公司
↑06下 河南信息广场综合办公楼装饰设计

国虹
北京清尚建筑装饰工程有限公司
北京市方志馆北京地情展　↑01上

黄磊
北京清尚建筑装饰工程有限公司
吉林省图书馆新馆装饰设计　↑02中

兰海
北京清尚建筑装饰工程有限公司
上海保利广场室内精装修设计　↑03下

马怡西
北京清尚建筑装饰工程有限公司
首都国际机场专机楼和公务机楼　↑04上

张松涛
北京清尚建筑装饰工程有限公司
中国石化集团西南科研基地装饰设计　↑05中

郑文胜
北京清尚建筑装饰工程有限公司
通化自然馆展陈设计　↑06下

彭琼
黑龙江锦秀建筑装饰工程有限公司
↑01上 黑龙江建筑职业技术学院职业培训教学楼室内设计

孙朋久　张红松
黑龙江境朗环境艺术设计有限公司、哈尔滨师范大学美术学院
↑02中 浦东发展银行VIP中心室内设计方案

孙朋久　张红松
黑龙江境朗环境艺术设计有限公司、哈尔滨师范大学美术学院
↑03下 黑龙江省计量博物馆室内设计方案

孙朋久　张红松
黑龙江境朗环境艺术设计有限公司、哈尔滨师范大学美术学院
↑04上 极目家居体验馆B馆设计方案

孙朋久　张红松
黑龙江境朗环境艺术设计有限公司、哈尔滨师范大学美术学院
↑05中 境朗环境艺术设计有限公司办公室设计方案

徐延忠
哈尔滨海佩空间艺术装饰工程有限公司
↑06下 百度烤吧设计

徐延忠
哈尔滨海佩空间艺术装饰工程有限公司
某办公空间设计 ↑01上

徐延忠
哈尔滨海佩空间艺术装饰工程有限公司
中国福利彩票室内外设计 ↑02中

徐延忠
哈尔滨海佩空间艺术装饰工程有限公司
金苹果办公空间设计 ↑03下

庄伟
哈尔滨职业技术学院 艺术与设计学院
大师工作室设计 ↑04上

庄伟
哈尔滨职业技术学院 艺术与设计学院
黑龙江省文学艺术界联合会艺术馆设计方案 ↑05中

关茂深
北京清尚环艺建筑设计院有限公司
中国航信高科技产业园区 ↑06下

林洋
北京清尚环艺建筑设计院有限公司
↑01上 北京嘉铭中心东塔公共区域室内设计
卓子程
杰西艾伦室内装修设计（股）公司
↑02中 丽舍厨房展厅（北京）
卓子程
杰西艾伦室内装修设计（股）公司
↑03下 丽舍厨房展厅（高雄）

卓子程
杰西艾伦室内装修设计（股）公司
↑04上 丽舍卫浴展厅（北京）
卓子程
杰西艾伦室内装修设计（股）公司
↑05中 丽舍卫浴展厅（高雄）
罗耕甫
橙田室内装修设计工程有限公司
↑06下 The 39 House Sales Center

王志凯

北京正喜大观环境艺术设计有限责任公司

张北花田草海会所室内精装设计项目 ↑01上

王志凯

北京正喜大观环境艺术设计有限责任公司

北京海户屯商业金融项目精装 ↑02中

梁晨

北京艺诚筑景艺术设计有限责任公司

金第梦想山售楼处 ↑03下

梁晨

北京艺诚筑景艺术设计有限责任公司

山西焦煤南风化工集团股份有限公司办公楼 ↑04上

梁磁夫

广州市铭唐装饰设计工程有限公司

东莞迎宾馆 ↑05中

耿旭

北京清尚环艺建筑设计院有限公司

大连商品交易所期货大厦艺术陈设 ↑06下

吴小路
↑01上 奥林森林公园会所
吴小路
↑02中 山东梁山水浒文化广场接待中心
邓鑫
云南博睿大华工程设计有限公司
↑03下 地海温泉度假中心酒店

邓鑫
云南博睿大华工程设计有限公司
↑04上 芒掌乡村温泉酒店
邓鑫
云南博睿大华工程设计有限公司
↑05中 世外桃源大酒店
邓鑫
云南博睿大华工程设计有限公司
↑06下 景成集团办公楼

邓鑫
云南博睿大华工程设计有限公司
建行营业部办公楼 ↑01上
邓鑫
上海市室内装潢工程有限公司
瑞丽高尔夫会所 ↑02中
陈占弟
福州好日子装饰工程有限公司
川·悦 ↑03下

任萃
十分之一
台北犁记上海芮欧店 ↑04上
李晖　李祥君
上海风语筑展览有限公司
福州城市发展展示馆 ↑05中
郑展鸿
鸿文空间设计机构
尘界浮影 ↑06下

朱海燕
江苏七彩虹建筑装饰工程有限公司
↑01上 中国水晶城室内装饰设计

刘青 汤勤 王蓉
江苏省建筑设计研究院有限公司
↑02中 伊宁市江滨宾馆

刘青 汤勤 王蓉
江苏省建筑设计研究院有限公司
↑03下 淮师音乐厅多功能剧场声学及装修设计

刘青 郭亮 薛建国
江苏省建筑设计研究院有限公司
↑04上 淮安市第一人民医院门急诊及内科病房楼室内装修方案及施工图设计

孙国军
南京华夏天成建设有限公司
↑05中 徐州市睢宁县开发区医院

杜向明
南京陆柒捌室内设计有限公司
↑06下 南京江浦某度假酒店

杜向明
南京陆柒捌室内设计有限公司
南京某休闲餐厅 ↑01上

陈洪钧
南京华夏天成建设有限公司
首都机场T2东航地面贵宾室导改工程设计 ↑02中

陈洪钧
南京华夏天成建设有限公司
新华健康管理中心装修设计 ↑03下

陈洪钧
南京华夏天成建设有限公司
南京中电熊猫平板显示科技有限公司（G108）办公楼 ↑04上

施炜
福建晋江德豪精品酒店 ↑05中

施炜
角色微电影工作室 ↑06下

李启江
北京天阙建筑设计有限公司
↑01上 综合销售中心
胡荣
宁波古木子月空间设计公司
↑02中 宁波金色荣湾样板房
林燕多
宁波品赫装饰设计工程有限公司
↑03下 卡纳湖古别墅

邵深龙
宁波海曙优步广告装饰有限公司
↑04上 钱湖天地——华夏尚合院
钱敏
宁波丙午日装饰设计公司
↑05中 天津滋派烤鱼店
鲍三军
瀚林易居（香港）室内设计有限公司
↑06下 8848主题餐厅

陈显贵
宁波江北UI室内设计有限公司
UI室内设计事务所 ↑01上

钱超
宁波品赫装饰设计工程有限公司
品赫装饰办公空间 ↑02中

陈永根
宁波索色装饰设计有限公司
台州醉江南海鲜酒店 ↑03下

谢天
浙江亚厦装饰股份有限公司
南京江滨酒店 ↑04上

杨小莹
杭州郁金香装饰设计工程有限公司
南宁疯马国际俱乐部 ↑05中

叶坚
杭州川合环境艺术设计有限公司
桐庐富春江芦茨壹号精品酒店 ↑06下

王建强
浙江世贸装饰设计工程有限公司
↑01上 浙商博物馆
童芳　钟希杯
杭州金白水清悦酒店设计有限公司
↑02中 嘉兴南湖国际俱乐部
张海涛
筑邦臣（北京）建筑工程设计有限公司
↑03下 G1会所(筑邦臣)——多元化艺术的交融与渗透

古文敏
汕头市红境组设计机构
↑04上 广州中信君庭蔡总私家会所
何庆贤
汕头市千幻装饰工程有限公司
↑05中 环碧花园药业公司设计项目
何庆贤
汕头市千幻装饰工程有限公司
↑06下 安特投资公司设计项目

吴创兵
汕头市集创组装饰设计有限公司
坦然自若 ↑ 01 上

杨伟鹏
汕头市帝景装饰设计工程有限公司
群汇 ↑ 02 中

杨伟鹏
汕头市帝景装饰设计工程有限公司
帝景风范 ↑ 03 下

陈海忠
汕头市东庭装饰设计有限公司
新东方人文情怀 ↑ 04 上

朱少雄
汕头朱少雄设计有限公司
博雅鞋业企业中心 ↑ 05 中

朱少雄
汕头朱少雄设计有限公司
广东澄星航模办公楼 ↑ 06 下

李增辉
汕头市博雅室内设计有限公司
↑01上 静美中国
陈惜莹
汕头市青木装饰设计工作室
↑02中 江南新城样品房
黄华
黄华酒店娱乐策划设计有限公司
↑03下 迎宾影城

黄华
黄华酒店娱乐策划设计有限公司
↑04上 玉皇阁音乐城
林茂
汕头市九鼎名轩景观装饰工程有限公司
↑05中 低调奢华——皇家公馆夜总会
陈榆
万和装饰设计工程有限公司
↑06下 漫城生活·寻味餐厅

陈榆
万和装饰设计工程有限公司
潞洲会馆 ↑01上

李军
成都上界室内设计有限公司
三味米中餐馆 ↑02中

李军
成都上界室内设计有限公司
上界Office ↑03下

李军
成都上界室内设计有限公司
婴儿园艾马仕幼儿园 ↑04上

李廷伟
四川广汉古迪豪思装饰设计有限公司
广汉市金雁地产办公大楼《融合天成》 ↑05中

南锐
北京展辰室内设计装饰有限公司
百士德咖啡厅 ↑06下

项帅
唯壹设计机构
↑01上 香榭印象铁板烧餐厅

刘卫军
深圳市品伊设计顾问有限公司
↑02中 马卡龙之约

严微微
杭州天际线设计研究院
↑03下 河南·裕隆爱之城

胡建林
杭州天际线设计研究院
↑04上 嵊州·鹿山商业综合体

杨斌炜
杭州天际线设计研究院
↑05中 天际线设计研究院办公室

胡林
杭州天际线设计研究院
↑06下 铜陵·中央商场

翁王娣
浙江艺冠装饰工程有限公司
山东某酒店创意设计 ↑01上

刘兴贵　冯玉阳
沈阳市飞翔装饰有限公司工程设计研究院
大连周水子机场宾馆 ↑02中

刘兴贵　袁经一
沈阳市飞翔装饰有限公司工程设计研究院
大连周水子机场宾馆 ↑03下

刘兴贵　袁经一
沈阳市飞翔装饰有限公司工程设计研究院
大连机场头等舱 ↑04上

蔡帆
沈阳市飞翔装饰有限公司工程设计研究院
沈阳市法库县综合服务中心 ↑05中

刘兴贵　刘显明
沈阳市飞翔装饰有限公司工程设计研究院
贵州梵净山 ↑06下

刘兴贵　刘畅
沈阳市飞翔装饰有限公司工程设计研究院
↑01上　辽宁阜新迎宾馆
孙阳
沈阳市飞翔装饰有限公司工程设计研究院
↑02中　经典老电影西餐酒吧
刘兴贵　刘显明
沈阳市飞翔装饰有限公司工程设计研究院
↑03下　宁夏体育馆

刘兴贵　刘畅
沈阳市飞翔装饰有限公司工程设计研究院
↑04上　海南三亚玉海国际酒店
王金舒
沈阳市飞翔装饰有限公司工程设计研究院
↑05中　沈阳保利达售楼处
阎伟
沈阳市飞翔装饰有限公司工程设计研究院
↑06下　小土豆2

阎伟
沈阳市飞翔装饰有限公司工程设计研究院
小土豆 ↑01上

刘兴贵　刘畅
沈阳市飞翔装饰有限公司工程设计研究院
营口沿海基地大厦景观 ↑02中

刘兴贵
沈阳市飞翔装饰有限公司工程设计研究院
某海军某部外协楼 ↑03下

朱回瀚
朱回瀚设计顾问工程（香港）有限公司
上海·华府天地——书茶吧 ↑04上

刘天兰
轩艺装饰设计有限公司
私厨小磨主题餐厅 ↑05中

刘敏
轩艺装饰设计有限公司
广泽康乐中心装饰装修工程 ↑06下

陈轩
简术建筑设计事务所
↑01上 欢欣岭5号院私人会所项目

陈大为
北京大为辛未图文设计工作室
↑02中 北京西山壹号院室内设计

石夏
山西震南装饰工程有限公司
↑03下 和院独栋别墅

葛亚曦
LSDCASA
↑04上 深圳万科壹海城玺湾

刘首杰
北京富润天筑装饰设计有限公司
↑05中 棕榈滩别墅

李培
江苏旭日装饰工程有限公司
↑06下 绿城御园

殷颢荣
江苏旭日装饰工程有限公司
桃坞郡府 ↑01上

魏战胜
江苏旭日装饰工程有限公司
开元碧水湾 ↑02中

张瑞
鸿扬家装
尚古 ↑03下

赵巍
北京山禾金缘艺术设计有限公司
西宁夏都府邸东区6号楼C户型样板间 ↑04上

郭红梅
北京山禾金缘艺术设计有限公司
青岛青特花溪地别墅样板间 ↑05中

陈熠
北京东易日盛家居装饰集团股份有限公司南京分公司
钟山国际高尔夫 ↑06下

陈熠
北京东易日盛家居装饰集团股份有限公司南京分公司
↑01上 天正滨江
金卫华
苏州雅集室内设计有限责任公司
↑02中 传麒湾别墅样板房A户型
上海多姆设计工程有限公司
↑03下 三亚亚龙湾S180度假别墅

叶欣聪　李雅竹
天津市玛雅装修工程有限公司
↑04上 天津公馆样板间
丁瑞锐
广东省潮州市恒瑞广告装饰有限公司
↑05中 韩晖山庄
张石红
北京清尚环艺建筑设计院有限公司
↑06下 丽江金茂雪山语别墅公寓艺术陈设

苏倍庆
采颗室内设计
凝·洗炼 ↑01上

卓子程
杰西艾伦室内装修设计（股）公司
所在（住宅） ↑02中

卓子程
杰西艾伦室内装修设计（股）公司
隐序（住宅） ↑03下

戴绮芬
宽目空间创意
Oi touch ↑04上

黄书恒
玄武室内装修有限公司
Villa G10 ↑05中

连自成
大观·自成国际空间设计
海尚郡墅、锦华别墅 ↑06下

刘书伶
晶玺国际工程有限公司
↑01上 御居
吴巍
居然顶层设计PMG设计工作室
↑02中 山语别苑
邓鑫
云南博睿大华工程设计有限公司
↑03下 时尚·东方样板间

邓鑫
云南博睿大华工程设计有限公司
↑04上 创意·生活样板间
陈志曙
福州好日子装饰工程有限公司
↑05中 流年·时锦
陈住光
福州好日子装饰工程有限公司
↑06下 江尚·合院

方丽容
福州好日子装饰工程有限公司
悠远水墨情 ↑01上

郭美芳
福州好日子装饰工程有限公司
岚 ↑02中

江香宜
福州好日子装饰工程有限公司
万顷琉璃 ↑03下

卢小龙　吴登辉
福州好日子装饰工程有限公司
辉致 ↑04上

万冰清
福州好日子装饰工程有限公司
逸 ↑05中

邓方华
欧陆风装饰苏州分公司
苏州东方韵味 ↑06下

尚层装饰（北京）有限公司
↑01上 亚运新新花园
林轶伟
居然顶层设计中心诺布设计工作室
↑02中 明月豪庭91号
林轶伟
居然顶层设计中心诺布设计工作室
↑03下 43号宋公馆

北京卓然雅居装饰有限公司
↑04上 西安纳帕·朗郡项目
北京卓然雅居装饰有限公司
↑05中 西安普华·浅水湾项目
郑展鸿
鸿文空间设计机构
↑06下 黑白现代时尚住宅

李启江
北京天阙建筑设计有限公司
新中式别墅府邸 ↑01上

徐栋
宁波栋子室内设计工作室
浙江余姚太守名府别墅样板房 ↑02中

王慧雯
十杰装饰
兰亭绿源 ↑03下

周科
巴别古邑室内建筑装饰设计有限公司
恒尊地产春天里样板房 ↑04上

严海明
追求东方的自然生活品味作品
一个服装设计总监的个性别墅作品 ↑05中

严海明
追求东方的自然生活品味作品
追求东方的自然生活品味作品 ↑06下

吴苏
慈溪市启真装饰有限公司
↑01上 慈溪逍林一品苑独栋别墅
凌礼迪
北京龙发装饰集团宁波分公司
↑02中 舟山龙湖山庄别墅
查波
宁波大学科学技术学院 设计艺术学院
↑03下 石浦一宅院

钱超
宁波品赫装饰设计工程有限公司
↑04上 卡纳湖古别墅
虞啸
北京东易日盛家居装饰集团股份有限公司宁波分公司
↑05中 盛世天城
张玮钢
艺念之间国际设计宁波宁海事务所
↑06下 宁波奉化溪口别墅设计（盛世桃源）

竺孪佳
莱卡空间展示设计工作室
中河名庭 ↑ 01上

陈杏波
宁波十杰装饰
情迷蓝白地中海 ↑ 02中

张云　张浪　张怀
北京艾迪尔YLH地产组 设计团队
约克郡别墅 ↑ 03下

张云　张浪　张怀
北京艾迪尔YLH地产组 设计团队
香江花园别墅 ↑ 04上

江欣宜
缤纷设计
典藏尊荣 ↑ 05中

江欣宜
缤纷设计
画色透露的故事 ↑ 06下

江欣宜
缤纷设计
↑01上 双生蜕变
江欣宜
缤纷设计
↑02中 咏雅
林丛立
汕头市澄海区正尚室内设计工作室
↑03下 广东省汕头市澄海区中信金城

蔡烈波　张育莲　姚晹
汕头市伊诺装饰设计有限公司
↑04上 海尚海时光——拂晓
蔡烈波
汕头市伊诺装饰设计有限公司
↑05中 唤醒——新古韵
杨伟鹏
汕头市帝景装饰设计工程有限公司
↑06下 遇见蒂凡尼

郑盈洪
汕头市盘古装饰设计有限公司
凝练古典·风雅意境 ↑01上

郑盈洪
汕头市盘古装饰设计有限公司
东方禅境·儒雅汉风 ↑02中

柯骏
汕头市宜家装饰有限公司
柏嘉半岛10栋1105房（现代简约）↑03下

柯骏
汕头市宜家装饰有限公司
隆泰时代明珠第1幢01户型（现代简约）↑04上

陈佳蘋
汕头市筑雅室内设计
时代明珠3幢25层（复式）↑05中

陈惜莹
汕头市青木装饰设计工作室
中信金陈样品房 ↑06下

林雁明
汕头市明朝空间装饰设计有限公司
↑01上 诗意回归
林茂
汕头市九鼎名轩景观装饰工程有限公司
↑02中 绅士之美——潮州红树林住宅
连伟健
汕头市思美格装饰设计有限公司
↑03下 韵

南锐
北京展辰室内设计装饰有限公司
↑04上 融汇贯通
吴智锋
东莞空象设计顾问
↑05中 东方意象
吴智锋
东莞空象设计顾问
↑06下 水岸香洲样板房

项帅
唯壹设计机构
江西新余高能 ↑01上

肖泽健
深蓝室内设计工作室
滨海之窗 ↑02中

肖泽健
深蓝室内设计工作室
半岛一号 ↑03下

刘卫军
深圳市品伊设计顾问有限公司
雕刻时光 ↑04上

鲁鸿滨
广州美术学院建筑与艺术设计学院
海口宝华海景大酒店宴会厅 ↑05中

赵树功　曾小燕　黄艳娜　贾真真
广州美术学院
《是非曲直？》旧厂房改造——办公空间设计楼 ↑06下

陈锐桦　陈淑君　梁艺权　林保荣　邢嘉威
广州美术学院
↑01上　广西南宁图书馆文化综合体

梁伟越　郑枫洋　王益健　林汶珊
广州美术学院
↑02中　OCA（俱乐部型办公室）办公空间设计

刘翠红　罗韵　邱永发　吴武治　谢翠婷　叶脉
广州美术学院建筑艺术设计学院
↑03下　喀斯特——文化商业综合体设计

罗曼
上海大学美术学院
↑04上　材料基因工程研究院

霍兴海
中央美术学院
↑05中　地铁空间装饰中关于"折角"造型形态的研究

关惠文
中央美术学院
↑06下　竞园某服装设计办公室改造

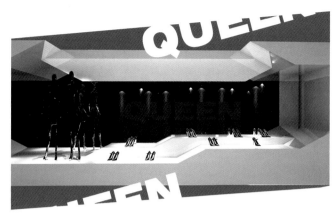

石进　李思成　殷子晴　王楠
四川音乐学院（成都美术学院）
QUEEN高跟鞋展示商店 ↑01上

王雪　董毅鹏　陈邦锦　文亚兰　代杨
四川音乐学院（成都美术学院）
MAY山地自行车体验店 ↑02中

胡丽娜　赵岑　王姗姗
四川音乐学院（成都美术学院）
椅子专卖店 ↑03下

陈晓峰
邵阳学院艺术系
学校图书馆改造设计 ↑04上

刘国辉
邵阳学院艺术系
"夕花朝拾"乡村主题酒店 ↑05中

许飞龙
邵阳学院艺术系
雨巷主题餐厅设计 ↑06下

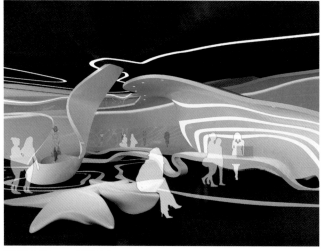

董丽丽　毛亚敏
天津美术学院
↑01上　盘衍

苏雯　关国蕊
天津美术学院
↑02中　体·悟

郝建平　王超琼
天津美术学院
↑03下　品牌专营店概念设计

郝冬青　胡鑫呈
天津美术学院
↑04上　内蒙古包头市土右旗生态新村改建项目

李文静　曹艳茹
天津美术学院
↑05中　合院

刘瑶　尚飒飒
天津美术学院
↑06下　天津中新生态城科技展馆

裴元　林洋昕
天津美术学院
顽强、峥嵘博物馆设计 ↑01上

万明坤　李伟
天津美术学院
东江577有机农业科研中心 ↑02中

杨婷　康永华
天津美术学院
天津国际汽车物馆室内设计 ↑03下

郑惠媛　刘宇
天津美术学院
创意聚落·北京沩河建筑创意区 ↑04上

黄海华
邵阳学院
"韵湘阁"茶馆装饰设计 ↑05中

李硕阳
邵阳学院
乌兰巴托——酒店装饰设计 ↑06下

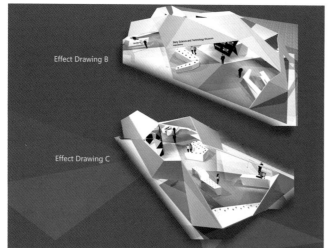

陈一夫
中国美术学院上海设计学院
↑01上 SONY科技生活馆
谭鑫　赵中天　洪嘉文
中国美术学院上海设计学院
↑02中 五星级酒店设计——新徽式酒店设计
李宇婷　章序文
中国美术学院上海设计学院
↑03下 儿童活动中心

潘嘉唯　钟灵毓秀
中国美术学院上海设计学院
↑04上 酒店设计
刘沛彤
哈尔滨师范大学
↑05中 LEC素简主义空间构想
邵奇
哈尔滨师范大学
↑06下 快捷酒店室内设计

王子桐　黄超
哈尔滨师范大学
鸽语轩——鸽文化交流中心　↑01上

石润白
哈尔滨师范大学
晋州养生会馆设计方案　↑02中

梁纯
哈尔滨师范大学
满汉楼餐饮设计方案　↑03下

桑懿　顾筱芸
哈尔滨师范大学、西安美术学院
禅意尚品——陕西汉中龙合花园楼顶别墅　↑04上

李真光
哈尔滨师范大学
品牌男装形象店设计　↑05中

李真光
哈尔滨师范大学
延吉地下商贸公共空间设计　↑06下

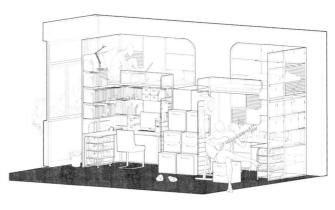

张智超
哈尔滨师范大学
↑01上 辽宁医学院新校区室内设计方案（行政楼）

李琦　高作公　陈奕萱　翟玥　刘梦楠
哈尔滨师范大学
↑02中 北岸生态会所设计

德维
哈尔滨师范大学
↑03下 SOHO咖啡厅设计

郎宇杰　苏丹（指导老师）
清华大学美术学院
↑04上 共生景观空间——济南西郊专线铁路公园改造设计

丁晓玲　崔笑声（指导老师）
清华大学美术学院
↑05中 新鲜的城市——农业景观在五道口城市公共空间中的应用

黄润生　于历战（指导老师）
清华大学美术学院
↑06下 高校宿舍家具的适应性设计

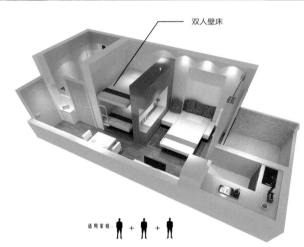

双人壁床

适用家庭：

运用了传统中国元素的家具与装饰，使传统与现代相融合，使传统与

邱逸琳　梁雯（指导老师）
清华大学美术学院
界面的厚度——商业空间体验型设计 ↑01上

廖丽霞　段菲艳　龙国跃（指导老师）
四川美术学院环境艺术设计系
COLOR FUN——全日制六班阳光幼儿园设计 ↑02中

彭程　王冉　龙国跃
四川美术学院环境艺术设计系
记忆十八梯——重庆十八梯销售中心设计 ↑03下

李佳妮　龙国跃
四川美术学院环境艺术设计系
水下生活的体验——水下建筑的探索与可行性 ↑04上

陈思宇　龙国跃（指导老师）
四川美术学院环境艺术设计系
百变公租房——重庆民心佳园改造设计 ↑05中

廖望　龙国跃（指导老师）
四川美术学院环境艺术设计系
我爱我家——小住宅生态设计 ↑06下

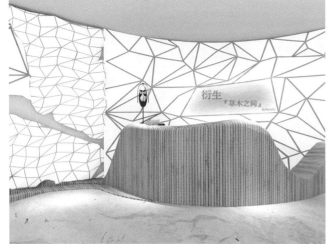

唐旗　潘召南（指导老师）
四川美术学院环境艺术设计系
↑01上 衍生·草木之间

王力　潘召南（指导老师）
四川美术学院环境艺术设计系
↑02中 竹里馆——餐饮空间设计

吴瑶　龙国跃（指导老师）
四川美术学院环境艺术设计系
↑03下 漂浮的"莲"

向九芳　潘召南（指导老师）
四川美术学院环境艺术设计系
↑04上 圆——概念餐厅设计

张霞　龙国跃（指导老师）
四川美术学院环境艺术设计系
↑05中 收，收获——新农村住宅设计

赵利　潘召南（指导老师）
四川美术学院环境艺术设计系
↑06下 朴树素食餐厅设计

舒闻洋　徐莹莹　许亮（指导老师）
四川美术学院环境艺术设计系
回龙溪生态坊　↑01上

景乙轩　石美伦　龙国跃（指导老师）
四川美术学院环境艺术设计系
G-tone Wealth 休闲空间设计　↑02中

黄秋菊　张雅坤　黄菁菁　龙国跃（指导老师）
四川美术学院环境艺术设计系
Whirlpools私人定制婚纱店设计　↑03下

邓凯恩　吴茜　龙国跃（指导老师）
四川美术学院环境艺术设计系
速度与激情——法拉利4S店　↑04上

胡航　汤晓鸿　王小玺　龙国跃（指导老师）
四川美术学院环境艺术设计系
计白当黑——Versace专卖店设计　↑05中

黎雪怡　李书苑　龙国跃（指导老师）
四川美术学院环境艺术设计系
造梦·商业展示空间设计——CONATUS服装专卖店　↑06下

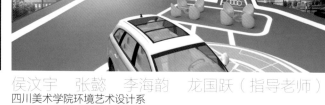

刘知非　陈义良　孙嘉璘　吴茜　龙国跃（指导老师）
四川美术学院环境艺术设计系
↑01上　《黑白空间》室内照明设计——香奈儿专卖店

刘知非　陈义良　王雪琦　龙国跃（指导老师）
四川美术学院环境艺术设计系
↑02中　光·独白·商业展示空间设计——三宅一生服装专卖店

马旭　张芸燕　龙国跃（指导老师）
四川美术学院环境艺术设计系
↑03下　品牌红酒直营店设计方案

侯汶宇　张懿　李海韵　龙国跃（指导老师）
四川美术学院环境艺术设计系
↑04上　复古与玩趣时代

孙嘉璘　吴东燕　申思　小组　龙国跃（指导老师）
四川美术学院环境艺术设计系
↑05中　间隙黑白——LINEA PIU专卖店设计

辛有文　周楠　龙国跃（指导老师）
四川美术学院环境艺术设计系
↑06下　奥迪4S店室内设计

周丽玮　龙国跃（指导老师）
四川美术学院环境艺术设计系
冰河世纪——蒂芙尼珠宝商业空间设计　↑01上

周楠　辛有文　龙国跃（指导老师）
四川美术学院环境艺术设计系
重庆中信银行室内设计　↑02中

朱雨彤　叶思琪　龙国跃（指导老师）
四川美术学院环境艺术设计系
Z&Y——实体电商设计　↑03下

陈思佳
上海市工会管理职业技术学院（上海凸版广告有限公司）
室内装饰客厅　↑04上

吴春木
邵阳学院艺术系
"竹木韵色"主题家居设计　↑05中

李寰宇　李军　谭珅
广州盈通大厦超甲级写字楼销售中心　↑06下

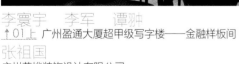

李寰宇　李军　谭翀
↑01上 广州盈通大厦超甲级写字楼——金融样板间
张祖国
广州茗烨装饰设计有限公司
↑02中 云南七彩孔雀普洱茶品牌展示设计
吕晓中
永康市石木空间设计机构
↑03下 ZENTA西塔会所

杨光发　李勇
TCDI创思国际建筑师事务所
↑04上 东莞长塘大厦
邹志雄　尹斌旭
广州九筑建筑装饰设计有限公司
↑05中 鄱阳湖国际大酒店
邹志雄　梁晓雯
广州九筑建筑装饰设计有限公司
↑06下 嘉华时尚酒店

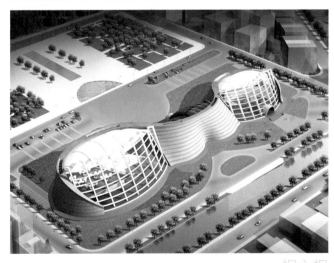

祝六权
孙工环境艺术策划工作室
广东格式装饰文化投资发展有限公司成都分公司 ↑01上
张庆忠
孙工环境艺术策划工作室
广东格式装饰文化投资发展有限公司福州分公司 ↑02中
麦昆明　汤强
顺德职业技术学院
奥迪汽车展馆设计 ↑03下

杨宏基　汤强
顺德职业技术学院
冰裂——全球暖化科技馆设计 ↑04上
余新　汤强
顺德职业技术学院
佛文化主题中心设计 ↑05中
梁永标
广州森杰装饰设计工程有限公司
广州尚佳逸养生会馆 ↑06下

丁刘慧
广州魅无界装饰设计有限公司
↑01上 内蒙古新天地样板间A

王雪艳
瑞临阁装饰设计工作室
↑02中 荷韵

单淑颖
广州市华浔品味装饰设计工程有限公司
↑03下 山水名家

张庆忠
孙工环境艺术策划工作室
↑04上 中山市东凤镇苏先生欧式别墅

祝六权
孙工环境艺术策划工作室
↑05中 中山市小榄镇建华花园麦先生别墅

颜帅
云南丰颜堂实业有限公司
↑06下 中信·星耀水乡温德姆酒店公寓3号楼

黄胜生
昆明易满佳装饰工程有限公司
云南晋宁客运站 ↑01上

张帝
上海紫苹果装饰集团昆明公司
巴厘岛西餐厅 ↑02中

李忠凯
紫苹果装饰集团昆明公司
MELLOW咖啡厅 ↑03下

姚江玲
云南本然装饰工程有限公司
云尊会所 ↑04上

普东鑫
云南品家园装饰工程有限公司
东方神韵 ↑05中

周祖华
云南品家园装饰工程有限公司
自在美式 ↑06下

刘佃发
昆明易满佳装饰工程有限公司
↑01上 云南个旧样板房
吴文宇
昆明欢乐佳园室内装饰工程有限公司
↑02中 同德极少墅C6幢
李春森
昆明欢乐佳园室内装饰工程有限公司
↑03下 同德极少墅C5幢

胡浩明
昆明欢乐佳园室内装饰工程有限公司
↑04上 版筑翠园
杨锐
昆明弘佳国际设计公司
↑05中 中天九号大院（经典府邸）
施章旭
大理水木清华装饰工程有限公司
↑06下 怡居

张世军
大理水木清华装饰工程有限公司
公爵情怀 ↑01上

涂武军
云南省昆明市紫苹果装饰集团
茶室 ↑02中

杨恒亮
上海紫苹果装饰集团
阳光高尔夫别墅 ↑03下

吴伯河
上海紫苹果装饰集团昆明公司
曲靖恒大名都小区 ↑04上

吴伯河
上海紫苹果装饰集团昆明公司
昆明翡翠湾小区 ↑05中

王蔓
昆明中策装饰(集团)有限公司
西亚山桩 ↑06下

张艳芬
昆明中策装饰（集团）有限公司
↑01上 百大国际派C3户型样板间

杨博
昆明中策装饰（集团）有限公司
↑02中 "Modern Living"昆明南亚风情园时尚公寓

阙宏晓
云南科达装饰设计工程有限公司
↑03下 昆明西山水岸运动休闲度假中心样板房

毛博
云南懒调网络科技有限公司
↑04上 微微堡·中航·云玺大宅

巴志玲
张掖市现代空间装饰工程有限公司
↑05中 张掖市沿河别墅

巴志玲
张掖市现代空间装饰工程有限公司
↑06下 中央公园

陈忠亮
陈忠亮原创工作室
以小见大 ↑01上

葛昊腾
昊宅设计
古往今来红酒酒庄在变革 ↑02中

马俊霞
亚太公馆住宅设计 ↑03下

毛柏晴
柏晴室内建筑师事务所
酒泉泉湖乡郑邸别墅改造工程 ↑04上

宋玉
甘肃省兰州市安宁区康宁家园号楼102室、103室 ↑05中

陈晖
甘肃典尚逸品装饰设计有限公司
英伦国际时尚主题酒吧 ↑06下

陈少杰
兰州文理学院
↑01上 兰州市天水路地铁商业综合体概念设计
高云
甘肃西鹏装饰设计工程有限公司
↑02中 中哈边境自助餐厅
高云
甘肃西鹏装饰设计工程有限公司
↑03下 兰石展览馆

黄伟杰
甘肃御居装饰设计有限公司
↑04上 台湾菜馆
贾遂勤
兰州豪斯设计装饰有限责任公司
↑05中 敦煌国际大酒店室内装饰设计
南泉
甘肃庆阳文南装饰设计工程有限公司
↑06下 三江源虫草庆阳旗舰店设计

王久文
兰州华铭装饰设计中心
东瓯足浴养生会所 ↑01上

于建波
甘肃御居装饰设计有限公司
路虎4S店 ↑02中

姜浩
北京今朝装饰设计有限公司
腹地哥德堡森林 ↑03下

邹福禄
北京今朝装饰设计有限公司
中信城普罗旺斯别墅 ↑04上

赵思伟
吉林省峰尚建筑装饰设计工程有限公司
长白山大酒店 ↑05中

赵思伟
上海市室内装潢工程有限公司
吉林省金叶大厦 参06下

赵思伟
吉林省峰尚建筑装饰设计工程有限公司
↑01上 住邦城市广场

段振华
↑02中 江油龙溪谷别墅

杨更
四川省广安市汉扬设计工作室
↑03下 四川省广安市逸国花乡碧峰田园别墅

陈德运
成都理工大学工程技术学院艺术系2011级环艺2班
↑04上 实用·至简——家居改造

闫飞
水晶石教育学院
↑05中 Google中国总部设计方案——办公空间设计

苏州金螳螂建筑装饰股份有限公司
↑06下 海南龙沐湾会所

蒋缪奕
苏州金螳螂建筑装饰股份有限公司
扬州美景会所 ↑01上

苏州金螳螂建筑装饰股份有限公司
云南昆明怡美天香品牌博物馆 ↑02中

段伟
湖南省邵阳工业学校黑马公司
湖南邵阳高崇山杨总别墅 ↑03下

王菁
长沙佳日装饰设计有限公司
东城新天地A2户型室内精装修设计方案 ↑04上

曾驿涵　欧阳佳
素·真 ↑05中

欧阳瑜徽
长沙汇智豪宅设计会所
境·忆 ↑06下

毛新华
长沙喜居安御品装别墅装饰专家会所
↑01上 清·欢
万蕾
湖南壹品装饰设计工程有限公司
↑02中 保利·麓谷林语
赵智铭
赵智铭设计师事务所有限公司
↑03下 天赋海湾袁宅

梁锦标
梁锦标设计有限公司
↑04上 Crossover
梁锦标
梁锦标设计有限公司
↑05中 没有窗帘之家
梁锦标
梁锦标设计有限公司
↑06下 图形、家、造型

后记

中国室内装饰协会副会长兼设计专业委员会主任
清华大学美术学院教授
郑曙旸

被誉为中国室内设计"风向标"的"中国国际室内设计双年展"历经18年精心培育，是室内设计界一项标志性的品牌活动。"第十届中国国际室内设计双年展"在北京饭店会展中心举办，并在中国国家博物馆举行颁奖仪式，从内容和形式上，取得了新的突破。

展览以积极的态度弘扬东方传统文化，寻找"中国设计"的精气神，把历史传统和人文精神带入现代设计，营造了独具韵味的文化场域、艺术场域。展览以图纸案例展示、多媒体视频展示、产品实物展示、陈设艺术品展示、概念装置展示等多种形式，全方位展示了我国室内装饰行业的室内设计发展水平。

本届双年展收到来自全国的2000多幅展板，为历年之最。参展作品经过各地方室内装饰协会和有关机构的筛选，应该说反映了我国目前室内设计的整体水平和发展状况。其中不乏两岸三地知名设计机构与装饰公司最新成果，包括集美组、清尚、金螳螂、亚夏、东易日盛、业之峰等。其中不少优秀的设计作品，展现出设计者对人与自然、城市与乡村、传统与当代、民族与国际等问题的关注，反映了设计师在当代语境下，对文化、艺术与生活的思考。众多知名艺术院校的参与，是这次展览的一大特点。清华大学美术学院、中央美术学院、中国美术学院、广州美术学院、西安美术学院等25所著名艺术院校报送的师生作品，注重创新性、实验性和包容性，反映了当前室内设计的学术生态。"生活家·2014中国室内设计十大年度人物"和"2014中国十强室内设计机构"的展示以及"知世界·行中国——梁志天设计巡回展"，从一定意义上说，代表了当今中国室内设计的最高水准。每一位设计师和设计机构的展示都具有明显特色，透露出丰富的当代信息与语义。本次展览通过对展示形式与视觉经验的探索，传达着设计师思想文化的表达，在寻求传统艺术语言在现代语境的应用中，发掘中国本土文化资源和艺术的价值，是一次难能可贵的探索与实践。

相信通过坚持不懈的努力，中国室内设计一定能找到一条面向现代化、面向世界、面向未来，民族的科学的大众化道路，一条具有鲜明文化特色、民族特色、时代特色的可持续发展道路。